日本鐵道便當指南

作者序

將滿滿心意傳遞給每一個你

半年前，接到總編輯的電話，告訴我上一本《跳上新幹線這樣玩日本才對》這本鐵道便當的書已經隔了 5 年了，和我聊了一下。

「你還有在吃鐵道便當嗎？」

「當然，那好像是一種被制約的行為，只要去日本搭火車就忍不住先去買個便當再上車。」

「那你想出增修版嗎？我們幫你把這幾年覺得還不錯的便當再加上去？」

「我的確還想出鐵道便當書，但是我想出全新的一本，把我這幾年的感受再加上去，還有我從鐵道便當中學習到的日本文化。」

就這樣，感謝出版社給了我這個機會用鐵道便當說故事給各位聽。也許愛上鐵道便當的起點是電視上《黃金傳說》介紹的那些美味，但是當你真正學習著了解鐵道便當之後，更會無法自拔地著迷於它背後那豐富的故事。

有人問我，日本你去不膩嗎？

怎麼會呢。就像初識一個帥哥，第一眼自然是被外型吸引，接下來藉著一次次的約會，一次次的對談，了解他的過去想法以及對事情的觀點，當你愈了解，也許開始感覺不適合，但如果這些了解只讓你愈發被吸引之後，你會發現和這人就算只是樹下喝杯茶，滿足度也能超越山珍海味。

這就是我心目中的日本。當你經歷過瘋狂購物，掃過各大景點之後，會發現靜下心來體驗日本各個細節和明白後面他們的心意是多有趣的收穫。

很感謝在 5 年後的今天讓我有機會再次為鐵道便當書寫序，從一開始注意力放在便當的品嘗紀錄，到這次能把這 10 年來對日本的學習以及體會到的小故事們放在書中，希望提供各位另外一個看日本的角度，以及用心接收那些便當製造者想要透過便當傳達給我們的訊息。

希望你能從這本書感受到我的心意，有如我從一個個鐵道便當中所接收到滿滿的心意一樣。

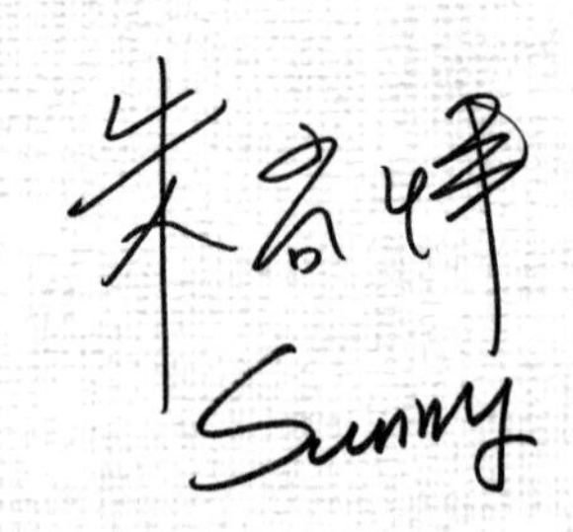

目錄
CONTENTS

Chapter01

鐵道便當來講古

Chapter02

醃漬海鮮類便當

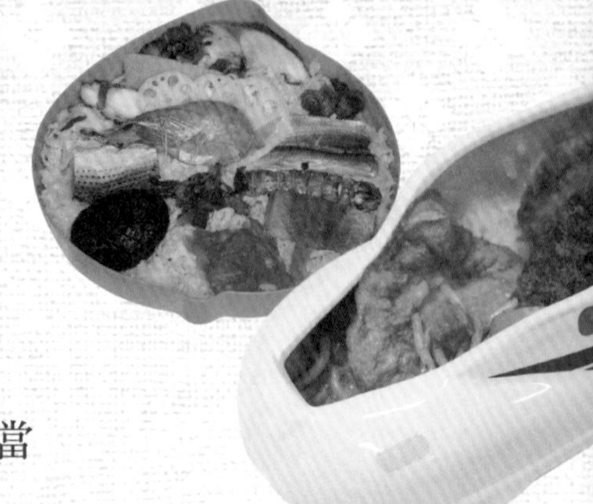

Chapter03

琳瑯滿目的特殊造型便當

Chapter04

鐵道便當也能吃到和牛

Chapter05

各地名產別錯過

Chapter06

不只有冷冷的便當

Chapter07

吃便當也要營養均衡

Chapter08

跟著便當去旅行

日本分區地圖

北海道地區

- 函館站鯡魚便當（P.18）
- 函館站蝦夷便當（P.52）
- 函館站海膽鮭魚卵便當 （P.112）
- 函館站函館烏賊便當 （P.114）
- 札幌站SL蒸汽火車便當（P.194）
- 札幌站三大蟹比較便當（P.124）
- 札幌站石狩鮭魚便當（P.56）
- 札幌站壽司便當（P.200）
- 小樽站海鮮散壽司便當（P.54）
- 旭川站蝦夷三海鮮便當（P.58）
- 洞爺湖站北寄貝便當（P.130）
- 森站元祖森名物烏賊飯便當（P.28）

東北地區

- 八戶站市松壽司（P.38）
- 盛岡站前澤牛便當（P.90）
- 盛岡站鮭魚親子便當（P.50）
- 盛岡站豬牛大戰便當（P.110）
- 仙台站黃金海道便當（P.48）
- 仙台站牛舌便當（P.148）
- 仙台站伊達政宗便當（P.182）
- 秋田站米棒鍋便當（P.158）
- 秋田站比內地雞便當（P.126）

關東地區

中部地區

關西地區

中國、四國地區

九州地區

Chapter 01

鐵道便當來講古

超過百年歷史的日本鐵道便當，現今依然吃得到。無論是明治時期到現今依然熱銷的元祖鯛魚飯、水準之上的釜便當、函館人氣 NO.1 的鰊魚便當，這麼多的經典復刻滋味，就讓我們來細細品嘗。

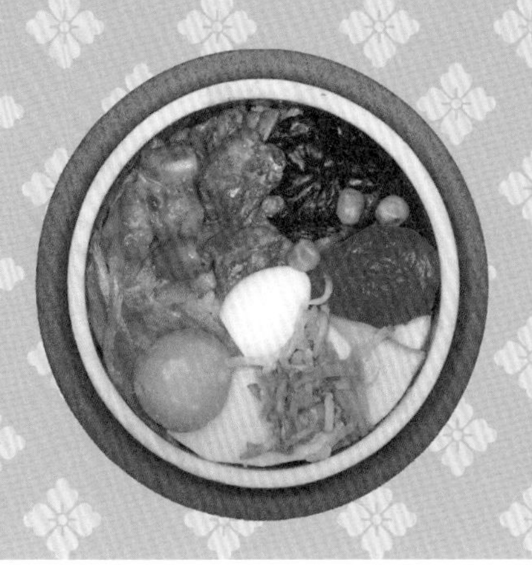

集所有美味與百年歷史於一盒中

長銷幾十年的經典便當，不可錯過！

你知道嗎？日本現存的鐵道便當種類超過 2000 種，如果加上歷史曾經出現過或是季節限定的限定款便當（日本人是我看過最會使用限定版招數的民族），種類數量更是不計可數。在這片競爭激烈的便當戰場中，有許多便當卻是一賣幾十年的長銷熱賣款；有些更是本身就代表了一段的鐵道便當史。

講到日本鐵道便當的起源，說法相當分歧，最多人採用的是於 1885 年 7 月 16 日開始——當時東京上野站通車至栃木縣宇都宮站，在月台出現由白木屋旅館所販售，用竹葉包著 2 顆內餡為醃蘿蔔的飯糰，這就是日本鐵道便當的開端。也因為這樣，每年的 7 月 16 日在宇都宮站為鐵道便當紀念日。但是除了宇都宮站為鐵道便當起源，各地還存在許多不同的說法；像西元 1884 年，當時橫川縣橫川站開通，或是高崎站也都有各自主張是鐵道便當起源的說法。但最能確定的便是日本的鐵道便當已有超過 130 年的歷史了。

最原始的美味至今仍代代相傳

一旦開始後，鐵道便當便有如野火燎原一般在日本各地熱烈發展了起來。許多熱銷便當從一開始販賣到現在，差異並不大，一路傳承著原始的美味。

靜岡元祖鯛魚飯便當，就是一款從明治 30 年開始販賣的便當。

靜岡的伊豆盛產鯛魚，鯛魚更是靜岡人的最愛，所以便用鯛魚鬆來做這款代表靜岡名產的便當。

在廣島，代表便當自然就是宮島站的穴子飯便當了。這款從明治 34 年開始販售，到目前為止也是天天完售的超知名便當。

講到代表各地名產的長銷便當，怎可能忘記北海道的森站烏賊便當。這款雖然沒有上述幾款動輒破百年的歷史，但是一賣就賣了近 80 年；樸實木盒內盛著 2 隻肚子裡裝著炊飯的烏賊，年年都在各項鐵道便當競賽中名列前茅，堪稱鐵道便當界的超級巨星。

與國寶叫賣員的美麗邂逅

除了本身一賣數十年的這些便當，也出現不少復刻版便當。最出名的就是當初在橫川站開始販賣的峠の釜めし，後來因為這一站運量不足夠，這種便當消失了許多年。但是它的美味一直留在回憶之中，後來便出現了復刻版，完全仿照當年橫川站的原始版本。只是販賣地點從橫川站增加到輕井澤，以及路邊的休息站皆有販售，在東京車站更是常駐便當；讓這復刻版便當一復刻後便繼續賣了 60 年。

除了鐵道便當本身具有歷史，有位月台上賣便當的老爺爺本身也是一段鐵道便當史。這位菖浦爺爺，從年輕時便在人吉站的月台販賣便當；從昭和賣到令和，小夥子賣成老爺爺。許多鐵道迷都會先查好爺爺販賣便當的時間，特地搭乘 SL 蒸汽火車到人吉站，聽著菖浦爺爺的叫賣聲，再買個歷史悠久的人吉站栗子便當，彷彿時間瞬間倒流 50 年。這也許就是鐵道便當讓人著迷的原因之一啊。

關東

山頂的釜便當　峠の釜めし

日本鍋飯鐵道便當始祖

講起這個便當，日本電視節目《黃金傳説》的忠實觀眾一定很熟悉。因為它可是《黃金傳説》每年票選「日本 10 大鐵道便當」的固定班底啊！能夠連續 10 年都不被眾人遺忘，相當不簡單。

這便當本身歷史很悠久，大約從 1950 年開始在橫川販售，後來賣太好，很多人想吃；但是橫川又是個小站，光是要到達這邊，就已經花掉許多時間，是個很不容易買到的便當。於是老闆聽到了大家的心聲，增加許多販售點，不管是在開車往輕井澤的路上，或是輕井澤站都可以買得到這個明星便當。

這是有史以來日本第一個用鍋飯形式的鐵道便當，且外觀使用益子燒陶，相當有質感。而且小陶鍋還具備保溫的功能，所以吃的時候還帶點微溫，剛好是方便入口的溫度呢！裡面每一樣配菜都在水準之上，連飯都相當美味，難怪可以一賣 55 年還如此暢銷。

便當❖小檔案

發售店家：荻野屋

主要發售站：輕井澤站

價格：￥1000

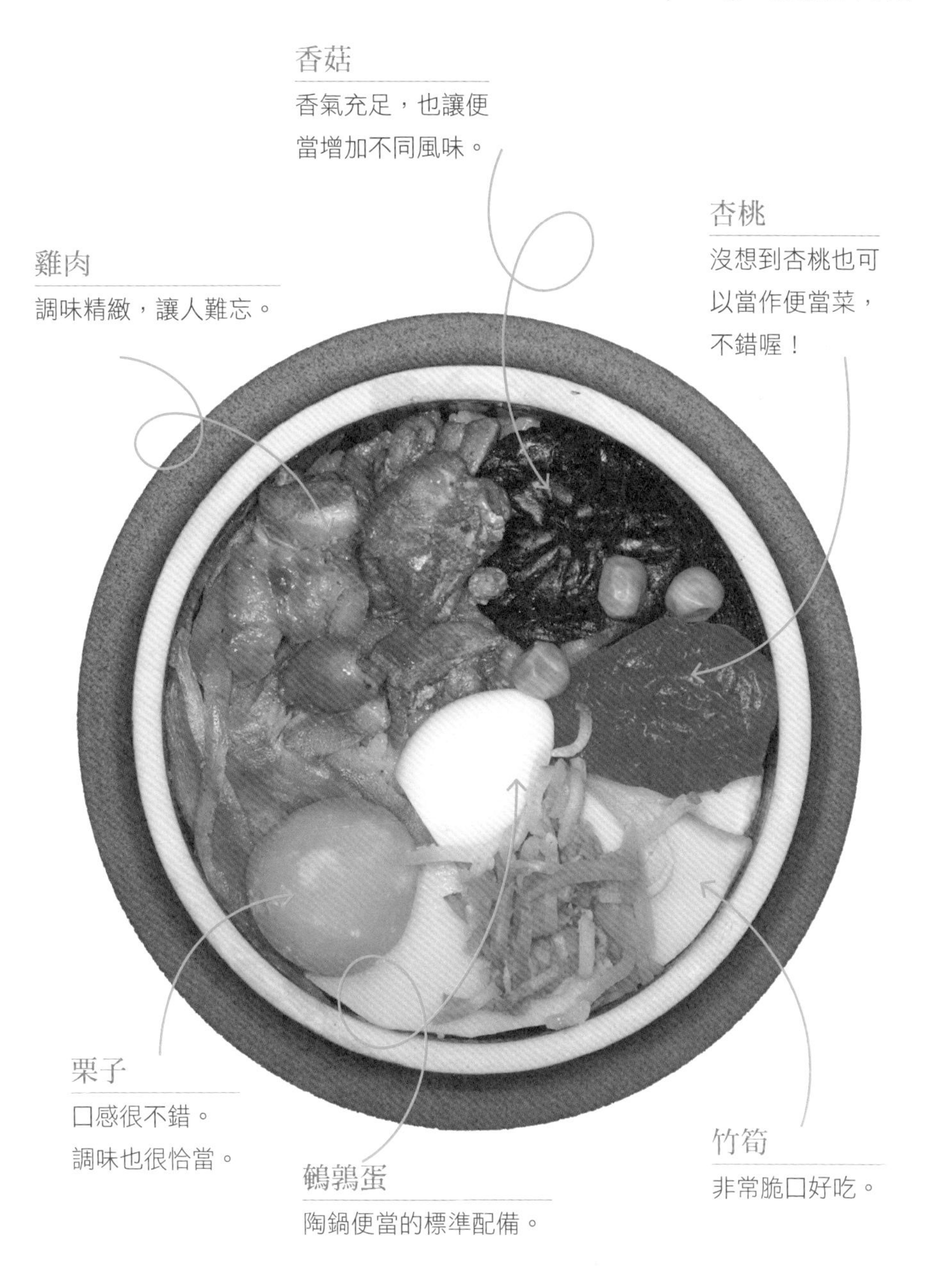
香菇
香氣充足，也讓便當增加不同風味。
杏桃
沒想到杏桃也可以當作便當菜，不錯喔！
雞肉
調味精緻，讓人難忘。
栗子
口感很不錯。調味也很恰當。
鵪鶉蛋
陶鍋便當的標準配備。
竹筍
非常脆口好吃。

中部

元祖鯛魚飯便當 元祖鯛めし

120 年長銷的美味傳奇

商品一賣就是數十年不稀奇，你我身邊都有好多這種例子；但是呢，一個便當可以一賣 120 年，那可是一件很不簡單的事情。

光是想想這幾十年間食材的變化，廚師傳承得是否完善，就真的很讓人佩服了。靜岡站的這個魚鬆便當，從明治 30 年開始銷售，一直到現在，都是站內的人氣王，光是這項紀錄就真的很值得品嘗一下，而且也才￥570，和大部分的便當比起來，真的太便宜啦！

這個便當的外觀包裝上，大大的寫著一個「鯛」字，打開便當盒蓋，黃澄澄的魚鬆鋪滿整個便當，旁邊點綴上 2 片醃蘿蔔；看起來雖然樸實，但的確也有讓人想要大口大口吃下的慾望。吃完之後有一種似曾相似的神祕感受，靈光一閃，啊！這根本就是台南魚鬆飯！口感也有點像是魚鬆飯糰，差別在於，便當裡的魚鬆炒得非常香。我想能一賣幾十年，除了日本人真心愛吃好吃的魚鬆以外，價格非常吸引人應該也是原因之一！

鯛魚鬆

滿滿的魚鬆，非常過癮。

醃蘿蔔

為單調的便當增加一點變化。

發售店家：東海軒

主要發售站：靜岡站

價格：￥570

北海道

鰊魚便當 鰊みかぎ弁当

函館人氣 NO.1 的超下飯名產

北海道多年來一直蟬聯日本人心目中想去旅遊的第 1 名，除了各種美景，螃蟹、章魚等等名產，更是讓人前往的動力。這次我們到新青森站轉搭津輕海峽線，抵達函館站，這還是一條穿過海底的鐵路！非常棒的體驗。

回到便當主題，鰊みかぎ弁当是函館 NO.1 人氣便當，從月台人工販賣便當的時代，就已經存在的長銷便當。嘗起來呢，我想最簡單明瞭的口味比喻，可以這麼說：若將先前嘗過的元祖鯛魚飯便當比喻成魚鬆便當，那這個鰊みかぎ弁当，就可以比喻成是海底雞口味便當。因為不管是味道還是口感，都非常相像；而且稍重的口味，非常下飯！

便當❖小檔案

發售店家：みガど函館營業所

主要發售站：函館站

價格：￥840

鰊魚卵

相較於魚肉，是清淡的，
但搭配起來非常美好。

鰊魚肉

毫不客氣地下重口
味，超級下飯。

中國、四國

宮島口穴子飯

老字號極品星鰻復古味

沒吃過宮島口站的穴子飯鐵道便當，不可以說你吃過日本最好吃的穴子便當！

從 1901 年開店以來，便在宮島口賣單一產品「穴子飯」，不但一賣百年，更有「日本第一鰻魚鐵道便當」之稱。

穴子又稱作星鰻，在台灣常常將星鰻、鰻魚混為一談，但其實這兩者有很大的差異。最簡單的分辨就是，鰻魚生長在河中，星鰻則是海中生物，所以鰻魚油脂較多較肥美；星鰻則是肉質細緻且腥味較淡。鰻魚多半調味較重，但是入口厚實且油脂濃郁；星鰻則調味偏淡，但是務求細緻的口感。

這款穴子便當會顛覆以往對鰻魚飯的印象，炭燒過的穴子沒有過多的醬料附著於其上；但是醬油味與炭燒味結合，加上有點韌性的魚肉和魚骨湯炊飯，不但是號稱日本第一，也是我心目中第一名的穴子鐵道便當！

便當❖小檔案

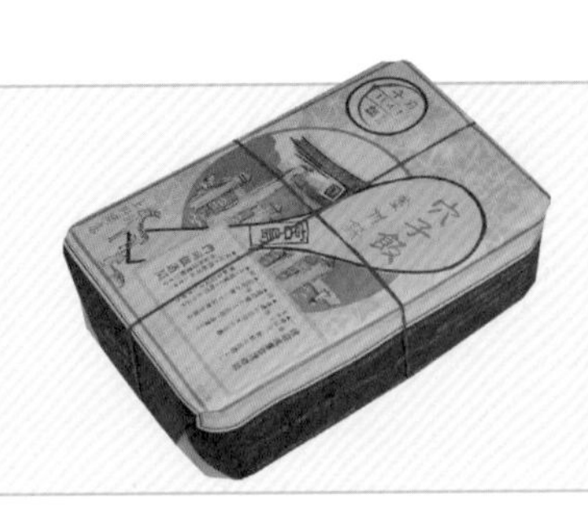

發售店家：宮島站

主要發售站：宮島口站

價格：￥1470

蒲燒星鰻

帶點炭燒味，很不一樣。
但是，相當美味。

魚骨湯醬油飯

沾了鰻魚美味的米飯
，味道不錯。

九州

人吉栗子便當 栗めし

一睹半世紀國寶叫賣員風采

這是一款從昭和賣到令和，一賣超過半個世紀卻依然維持原本菜色配置及味道的栗子便當。

人吉盆地自古以來就是盛產栗子的地方，鐵道便當自然也不會忘記推出以栗子為主角的便當。栗子外型的便當盒，裡面裝著各式復古風味的菜色組合，玉子燒，高野豆腐，蝦子，羊栖菜等；最大重點是 5 顆鬆軟香甜的大栗子，單吃或是佐飯皆無比美味。

別看人吉站小小的，值得一訪的原因可不少。除了美味的栗子便當、蒸氣火車，還有九州唯一能看到在月台上走動販售的鐵道便當銷售員：菖蒲爺爺。菖蒲爺爺和栗子便當一樣，在人吉站一待就超過 50 年，許多鐵道迷不但來這看火車吃便當，更是希望能向菖蒲爺爺購買便當，畢竟爺爺本身也成為鐵道便當史的一部分了啊！

便當❖小檔案

發售店家：山口商店 やまぐち

主要發售站：人吉站

價格：￥1100

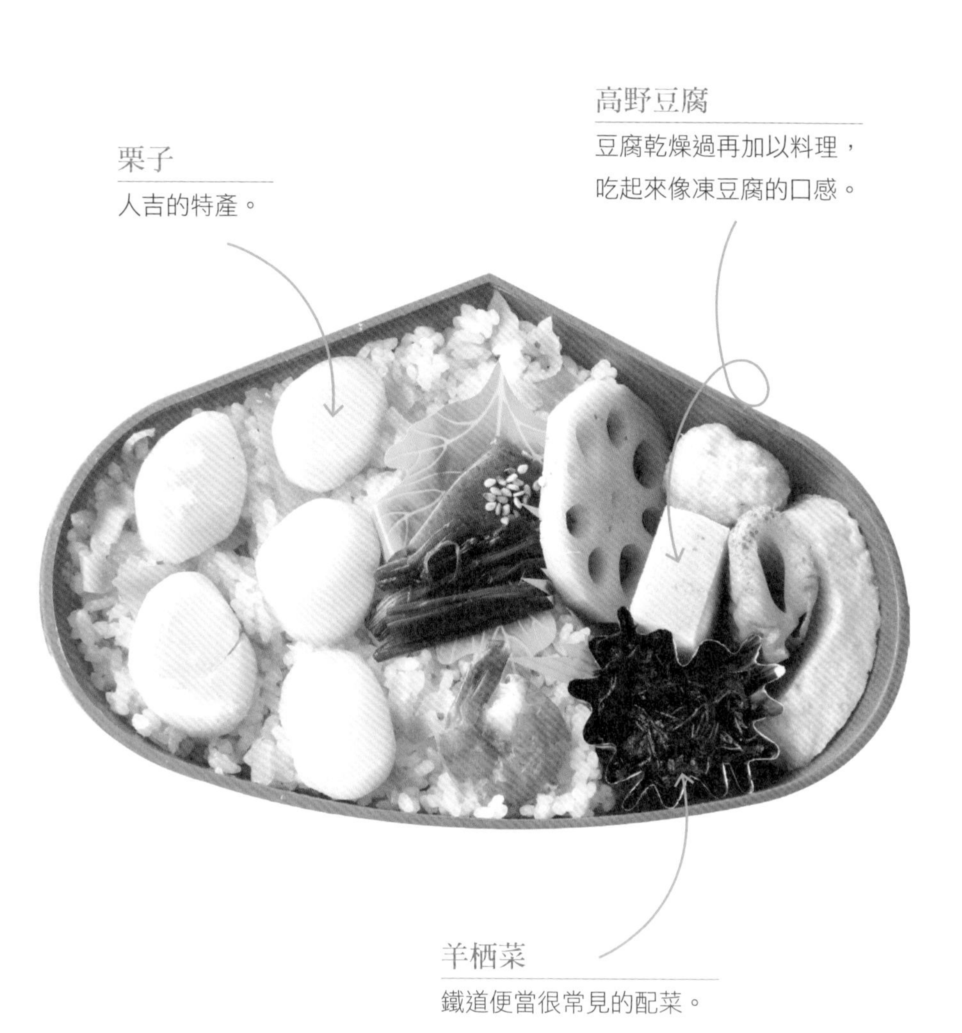
栗子
人吉的特產。
高野豆腐
豆腐乾燥過再加以料理，
吃起來像凍豆腐的口感。
羊栖菜
鐵道便當很常見的配菜。

關東

新幹線復刻便當 復刻弁当

百分百懷古風的甜雪蓮子

此款便當是 1964 年為慶祝東海道新幹線 kodama 號正式通車新大阪站至東京站，是由名古屋松浦商店所推出的幕之內便當的復刻版。

所謂的復刻版，像這類便當就是當時為了慶祝通車而出的限量款便當，已不在市面上流通，經過許多年之後再度推出，從包裝紙一路到裡面的配菜及味道，百分之百復刻歷史的鐵道便當。這款便當裡面較特殊的菜色是一道甜甜的雪蓮子，在其他鐵道便當較少看到，其他的菜色倒是和目前市面上的鐵道便當落差不大，但對當時的人而言，能搭上新幹線佐以這個便當，應該是件大事吧！所以我很喜歡日本這些復刻便當，不但是紀念當時的事件，還能讓人有機會品嘗一下那個年代的風味，遙想當時的人是用怎麼樣的心情享用這個便當；這些都是鐵道便當除了食物本身以外，還能給人帶來的懷古之情。

發售店家：松浦商店（名古屋站）

主要發售站：東京站

價格：￥850

梅子
白飯中間一顆紅色梅子，
是日本便當的代表菜色。
烤鯖魚
果然是日本便當不變
的最愛烤魚種類。
雪蓮子
是這個便當的最大亮點。
炸白身魚
口感酥軟。

中國、四國

名物醬油飯便當

松山名物醬油めし

豐富誘人的配料擄獲人心

四國伊予地區有個樸實的鄉土料理——醬油飯，是婚喪喜慶都會出現的一道料理，概念很像我們的油飯，光用眼睛看的確也是有那麼一點類似。

松山站這款醬油飯便當是為了向遊客展示這款道地鄉土料理而設計，光聽名字「醬油飯」直覺會想：是不是很鹹啊？入口反而會發現怎麼是甜的。其實是將用特製醬油熬煮過的眾多配菜，如筍子、蓮藕、雞肉、豆皮、紅蘿蔔和山菜等拌入白飯，再鋪上一層金黃色的蛋絲；最可愛的莫過於放上一顆櫻桃，相當吸睛。雖然配料並不是大家心目中的山珍海味，但是這樸實的味道吃起來有種家鄉味，也難怪可以在松山站一賣 50 年。

外包裝的紙則是寫著相撲力士的排行，像不像小時候媽媽隨手拿報紙包便當讓你帶著上學呢？

發售店家：鈴木便當店

主要發售站：松山站

價格：¥770

蛋絲

鋪著滿滿的蛋絲，
好吃也好看。

櫻桃

在便當裡面能看到
櫻桃，不多見吧！

雞肉

復古風的雞肉。

醬油飯

下面是混入許多
野菜的醬油飯。

北海道

元祖森名物烏賊飯便當

いかめし

味道非凡的便當常勝軍

第一次看到這個便當是在日本的電視節目上，盒子裡裝著 2 隻烏賊，其餘什麼都沒有，實在和我們所熟知的便當有著很大的落差，而且這便當遠在北海道的森站，只好等待有緣時再入手。

感謝東京站聽到許多鐵道迷的心聲，這款便當現在在東京站可是直接放在結帳櫃檯旁邊，讓人結帳時隨手加帶的最佳選擇，也變成我到東京站必吃的便當之一。

這款便當原本是一間位在森站旁邊的旅館，為了往來森站的旅客方便外帶而推出的便當，沒想到大受歡迎，現在專心只賣這鐵道便當常勝軍！

實際上看到這便當會訝異於它的尺寸，大約是成年男子的手掌大而已；裡面 2 隻烏賊肚子裡面塞滿白米與糯米，汆燙完之後再用獨家醬汁來熬煮，就成就了這款看起來簡單但味道一點也不簡單的便當。

便當❖小檔案

發售店家：阿部商店

主要發售站：森站

價格：￥500

烏賊2號

2隻肚子裡面都塞入滿滿的炊飯喔！

Chapter 02

醃漬海鮮類便當

出名的富山鱒魚便當、用福井名產越前蟹做成的蟹肉押壽司便當，或是北海道的醃鮭魚便當……醃漬過的海鮮搭配醋飯，酸酸甜甜的滋味，最適合夏天的季節了。

鮮魚甜蝦盡在便當裡

鹹酸甜甜的醃漬美味，誠意推薦！

一提到代表日本的飲食文化，腦海中應該馬上想到壽司吧？

但是你知道嗎？壽司並不是日本人發明的喔，壽司的起源最早出現在中國。漢朝末年時，當時的商人就為了長途旅行而把飯和其他食物放在一起，方便旅行時帶著吃；為了長時間保存，就使用了醃漬的手法，而這樣飯加上醃漬過的海鮮就是壽司最原始的由來。

壽司則是約在西元 700 年才出現在日本的歷史上。壽司 Sushi 在日文其實是酸的意思，所以壽司這詞的意思就是利用醋、糖等調味料醃漬過的海鮮或肉品，再與白飯結合在一起的食物。日本是個島國，海鮮種類相當的豐富，所以壽司便在日本發揚光大，變成日本的代表性美食。

便當的概念本就是方便攜帶食用，且需要於室溫存放較久的時間，所以方便室溫保存的壽司自然也成為日本鐵道便當的一大分類。

看似平凡卻無比美味的海鮮便當

此類便當最出名的應該是富山的鱒魚便當。相傳這便當是因為以前漁夫要出海捕魚，海上沒食物吃，就把鱒魚跟白飯包在一起帶在身上，等到工作累了再吃。某天天氣很熱，魚肉發酵和飯產生一種自然的黏稠感，一口吃下發現意料外的美味，便造就了這經典美味的鱒魚便當。

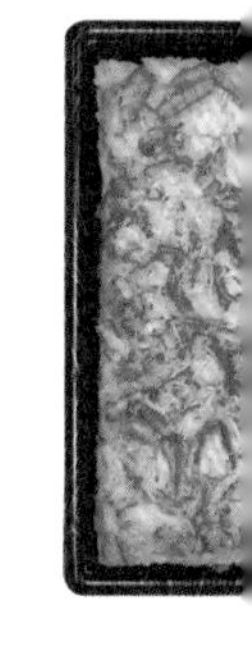

富山的鱒魚便當已經好幾次得到日本鐵道便當比賽的冠軍，乍看之下非常單調，就是薄薄一層的醃鱒魚片鋪在白飯上面，然後用葉子包起來壓得緊緊的。有趣的是這壽司便當不但附上筷子，還會附一把小刀片，原來是讓人像切蛋糕一樣的方式來吃用這一個便當。雖然整個便當就只有醃鱒魚和白飯，但是吃過這個便當就會懂為何它是鐵道便當的常勝軍；微酸發酵的白飯搭配微鹹的鱒魚，飯粒自然呈現的黏稠感，入口後轉化成極致單純卻無比的美味。不過這便當還有一個小祕密，購買時可以看一下賞味期限，製作完成後的隔一日才是最美味的品嘗時機喔！

醃漬海鮮便當當然不只限於魚肉，像在東北和北陸地方也很精采。福井地方就利用名產越前蟹來做蟹肉押壽司便當；而東北和北海道也有不少醃鮭魚以及鮭魚卵的便當，或是利用各式醃漬海鮮的組合壽司便當。

台灣不易吃到的押壽司，一定要試試！

在醃漬便當之中，想特別為各位介紹押壽司便當。像奈良的柿葉壽司，用柿葉將押壽司一個一個包起來，讓押壽司在入口時多增添了淡淡的柿葉清香。另外在大阪站有一款醃漬秋刀魚押壽司便當，白昆布和油脂濃厚的秋刀魚搭配相當清爽，是一款很適合夏日的便當。押壽司需要掌握海鮮和米飯發酵的時間，台灣因為天氣炎熱以及師傅的經驗等關係，反而較不容易吃到這類型壽司；所以如果在日本車站看到以上幾款押壽司便當可千萬別錯過喔！

中部

鱒魚押壽司便當

富山ますのすし

一入口就被迷倒的簡樸之味

這款鱒魚壽司便當是我一腳踏入鐵道便當的起點，之前曾在電視上看過日本 10 大鐵道便當的節目，這款不起眼的押壽司便當竟然名列第一，從此就對這便當留下深刻印象。好幾年之後在前往輕井澤的休息站時，一眼就認出了這個便當，豪不遲疑地拿了就走，當晚懷抱著期待之情來品嘗這讓人疑惑魅力到底何在的便當。

一入口，懂了。

這外表樸實而單調，沒有其他配菜和配色，僅用竹葉包著薄薄一層橘紅色的漬鱒魚押壽司便當，鱒魚的鮮甜與鹹味搭配下面微微發酵出酸味的富山米，交融出一種深厚而簡樸的美味，不需要任何的搭配，體現最簡單就是最大的美味。難怪這便當能一賣超過百年，不但是知名鐵道便當，還是富山最佳伴手禮。相信我，一口吃下你就能明白原因。

便當❖小檔案

發售店家：鱒壽司本舖源

主要發售站：富山站

價格：￥1500

醃漬鱒魚
便當中唯一的菜色。
白飯
下面是約1公分高
的白飯。

關西

柿葉便當　柿の葉すし

氣質淡雅的鯖魚便當

柿葉壽司，可是奈良最具代表性的料理了。這款壽司起源於江戶時代，當時因為奈良離海洋較遠，不容易吃到新鮮的魚類，而奈良又是柿子的名產地，人們便將醃漬過的魚片放在飯上，再用具防腐功能的柿葉子包好，用石頭壓住。放置一晚後食用，不但可以保鮮還能去腥，流傳至今成了著名的柿葉壽司。

包裹的葉子有著淡淡的香氣，鯖魚不會太鹹，醋飯也不是很酸；但就是這樣 3 種清清淡淡的香氣組合起來，有一股讓人無法忘懷的滋味，讓人忍不住慢下腳步細細品味。另外，包裝非常精美，還敘述了這便當的由來、特色以及保存方式，如此認真看待便當，再次見識到日本人龜毛的個性。

便當❖小檔案

發售店家：笹八（高崎站也有販售）

主要發售站：奈良站

價格：￥700

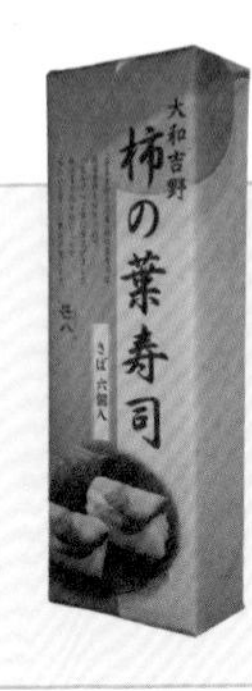

不過鹹的魚肉，正好搭
配兩股淡雅的味道。

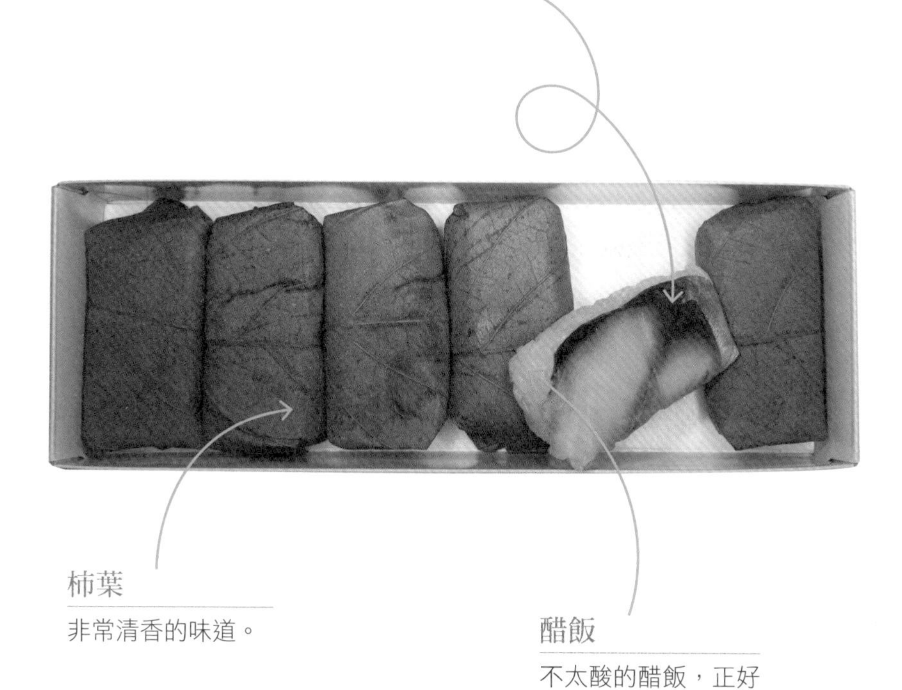

柿葉

非常清香的味道。

醋飯

不太酸的醋飯，正好
搭配葉子的香氣。

東北

市松壽司　かにといくらの市松壽司

美觀又好吃的海鮮料理

壽司便當常見到一小格一小格排放整齊的形式，即便沒有小格子，日本壽司便當也會將食材排列整齊，或是藉由排列創造出圖形；而這樣排列成一格一格方形，用不同食材來做為區隔的壽司又被稱作市松壽司，充分顯示日本人真的有把各種食材排整齊的強迫症。

便當中主要有 3 種食材，分別由鮭魚卵、蟹身肉、蟹腿肉組合成的 1 個海鮮便當。但是，卻花功夫地排成 9 宮格，每個食材都在自己的位置上坐得好好的，展現日本精巧的便當文化。

這個便當所使用的鮭魚卵品質非常好，不愧是出自八戶海鮮大市的便當，在口中炸開的鮮美與口感比其他便當裡吃到的更勝一籌。另外，蟹身肉和蟹腿肉也都恰如其分的有很好的表現，這是一款令人相當難忘的海鮮便當。

發售店家：吉田屋

主要發售站：八戶站

價格：￥1150

蟹腳肉
口感和鮮美兼具的蟹腿肉，
吃起來非常過癮！
蟹肉絲
給得很大方的蟹肉絲，
吃得出清甜。
蘿蔔
美味無敵的海味之外還是
有些小配菜來點綴一下。
鮭魚卵
會爆汁的魚卵，超棒！

中部

綜合海鮮便當

まさかいくらなんでも壽司

精心擺排的海鮮份量十足

在鐵道便當的世界裡，其實常常可以發現日本人堅持的性格特色，以及對小細節的留心，比方說便當內食材的擺排，幾乎都像是精心設計過的，或是外包裝的設計等等。這些小地方，真的都很讓人賞心悅目。

而這個壽司便當也是一樣，把所有食材排排站好，不同顏色的排列起來，也真的像是一幅畫呢！這個便當的組成為鮭魚卵、蟹肉、鮭魚鬆、鮭魚片，看起來非常吸引人。不過，鮭魚卵是小顆的，蟹肉能夠再甜一點會更好，醃鮭魚片切得非常薄；雖然有點吃不過癮，但至少便當整體而言，份量是足夠的啦！算是大碗滿意型的款式，大胃王們，可以試試看喔！

發售店家：三新軒

主要發售站：新潟站

價格：￥1050

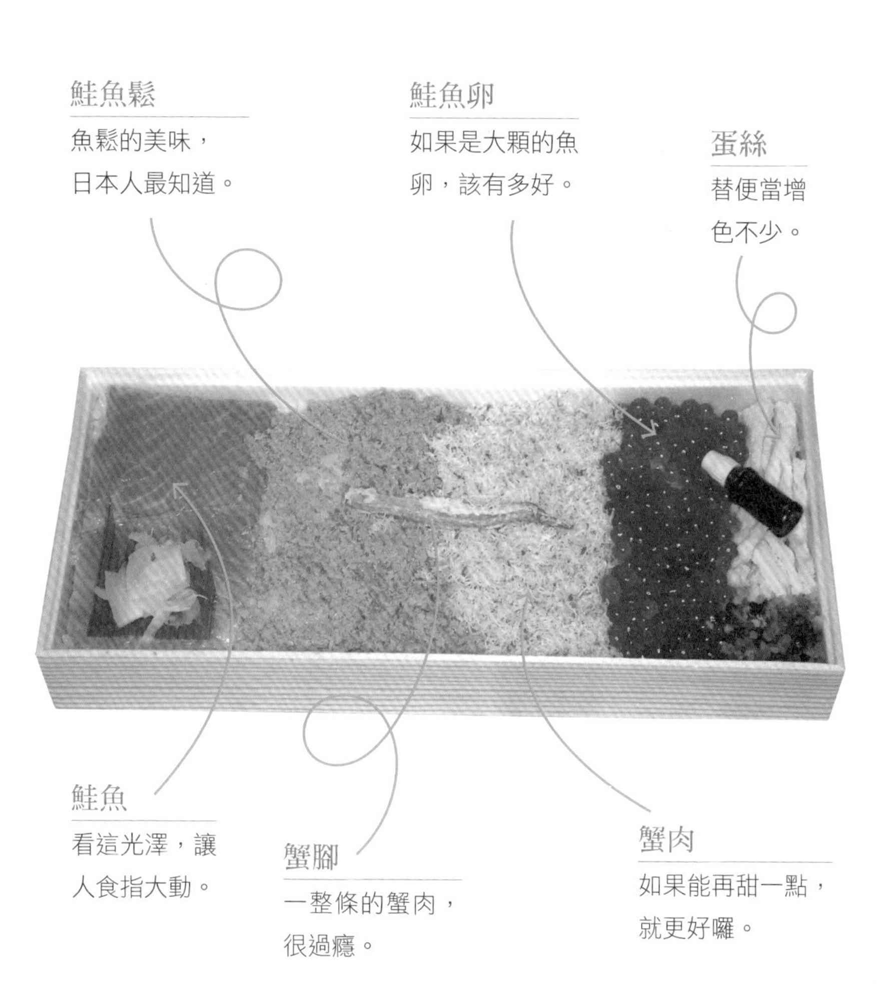
鮭魚鬆
魚鬆的美味，
日本人最知道。
鮭魚卵
如果是大顆的魚
卵，該有多好。
蛋絲
替便當增
色不少。
鮭魚
看這光澤，讓
人食指大動。
蟹腳
一整條的蟹肉，
很過癮。
蟹肉
如果能再甜一點，
就更好囉。

中部

蟹肉押壽司便當 越前かに棒すし

簡單的鮮甜滋味，一嘗就知！

長長的便當盒，外包裝上大大的螃蟹，還沒打開品嘗這款押壽司便當，我就已經充滿期待了！日本料理的壽司部分，好處就是可以凸顯食材本身的美味，當然新鮮是一定要的，適當的調味提高食材的鮮甜，更是考驗功夫呢！

這款很簡單的押壽司便當，醋飯加上簡單汆燙過蟹肉的組合，有大有小的碎蟹肉很確實地分布在整個便當之上，單一組合卻好吃到讓人一口接一口停不下來。醋飯的酸和螃蟹肉的清甜，兩者相互搭配，完美的襯托出無敵的美味，甚至比單吃螃蟹還更加美味。喜歡螃蟹的人一定要買來吃；平常不怎麼愛螃蟹的人，不妨給這個便當一個機會，讓它來扭轉過去你對美食的印象。

便當❖小檔案

發售店家：番匠本店

主要發售站：福井站

價格：￥920

醋飯

發揮了提味的功能。

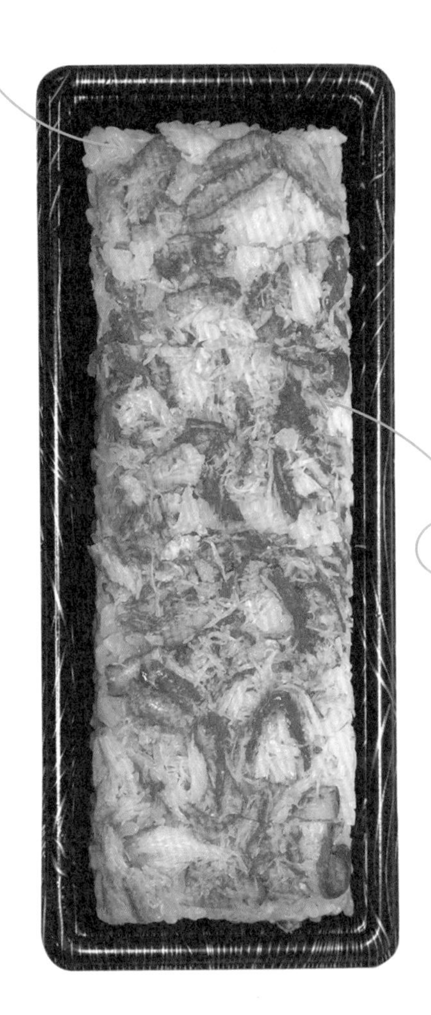

越前蟹肉

清蒸最能呈現蟹肉的美味了！

關西

醃漬秋刀魚押壽司便當

さんま秋刀魚押壽司便當

紀洲特產一口見真章

吃過了之前幾個便當，再吃這個相對清爽的秋刀魚押壽司，對這個便當來說，真是個味道大考驗。尤其在台灣，秋刀魚的土味一向是被大家嫌棄的重點，料理秋刀魚往往需要調味才能入口；但是現在來到了以海產著名的日本，當然對這個便當寄予厚望。

這個押壽司便當的秋刀魚是醃漬的，魚肉上那層薄薄的白昆布，造就了神奇的口感，當你一口咬下脆脆的魚肉，保證讓你大聲驚呼；再搭配微酸的醋飯，超級完美。沒想到光是一道醃漬的功夫，就可以把秋刀魚的美味逼出來，太讚了！

而且，一個便當才￥700，就算是減肥中的女生，一次吃 2 個也不會有任何罪惡感。女孩們！放心地吃吧！

便當❖小檔案

發售店家：水了軒

主要發售站：新大阪站

價格：￥700

醃漬秋刀魚

魚肉的鮮甜與油脂並存，
不簡單。

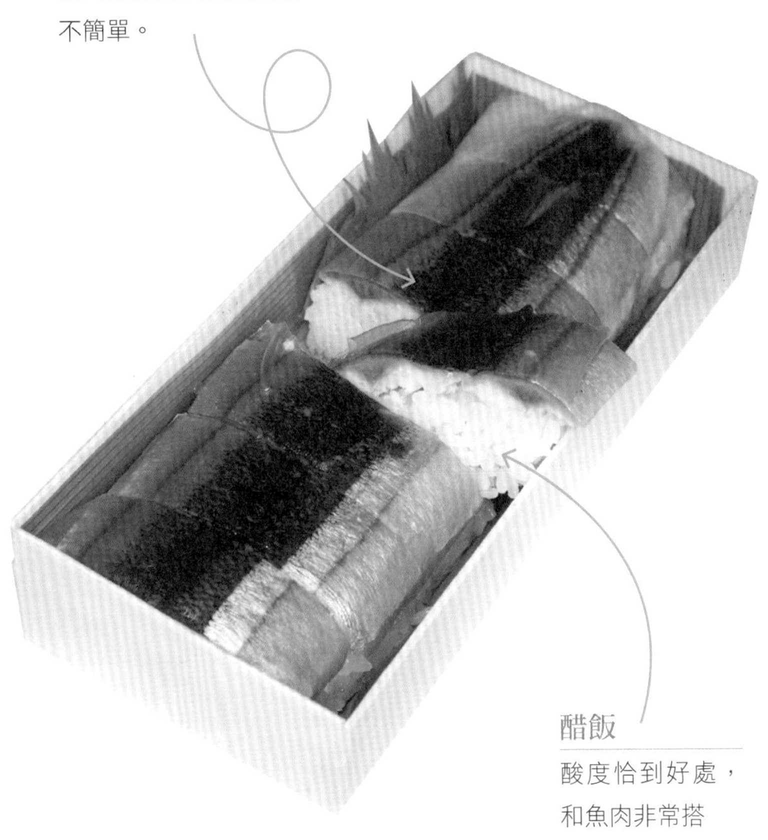

醋飯

酸度恰到好處，
和魚肉非常搭

關西

手做壽司便當　手まり壽司

豐富誘人的配料擄獲人心

愛吃壽司的人，一定不要錯過這一款便當：一共 11 個壽司，從最基本的豆皮壽司和花捲，到各種魚鮮壽司，當然軍艦也是有的。真的也只有在日本，才會看到這種便當出現在火車站了！

以整體的口味來說，是相當清爽，米飯口感剛剛好，新鮮的鮭魚、鯛魚、鮭魚卵、蝦子等等也都不差；烹煮過的星鰻、鯖魚，味道也都在水準之上。2 個基本款的花壽司和豆皮壽司，則是整個便當享受過程中的小小休息站。

在鐵道便當的旅途中，來一個這樣的便當，吃得清清爽爽，人也更加輕鬆自在了。

便當❖小檔案

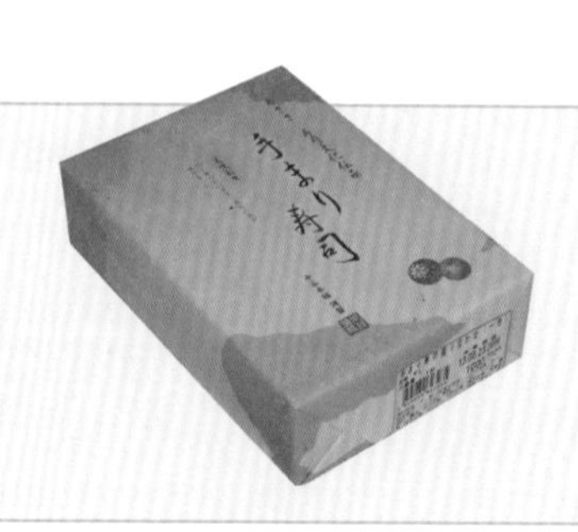

發售店家：淡路屋

主要發售站：新大阪站

價格：￥850

鮭魚壽司
吃得出新鮮喔！
鯖魚壓壽司
鯖魚口感和調味
都不差。
星鰻壓壽司
還可以再吃一個
鰻魚嗎？
鮭魚卵軍艦
加了片小檸檬，
增加風味。
鯛魚壽司
肉質不錯。
豆皮壽司
沒有豆皮壽司，就不
叫壽司便當了。

東北

黃金海道便當 みやぎ黃金海道

味道非凡的便當常勝軍

宮城縣在奧州藤原氏時代曾在氣仙沼、南三陸、石巻、女川地方、唐桑町一直到牧鹿町一帶盛產黃金，所以這段太平洋沿岸又有「黃金街道」的美稱。

這些區域在古時候是產金的地區，卻在311時同樣成為重災區，尤其南三陸市當初全毀，到目前為止都還在進行部分重建工程。所以這便當使用在地食材，也在包裝盒上寫著希望能為311受災戶盡一份綿薄之力。

而這集結了各種海鮮的便當也如其名，一打開包裝便有道光芒在我的眼前閃著，海膽、鮭魚卵、帆立貝、槍烏賊、銀鮭等，讓人目不暇給的海鮮們爭奇鬥艷著。每一口都是不同海鮮的海味，實在是一個誠意滿滿的便當，難怪可以在牛舌滿滿的仙台便當裡殺出一條自己的路來。

便當❖小檔案

發售店家：こばやし

主要發售站：仙台站

價格：￥1000

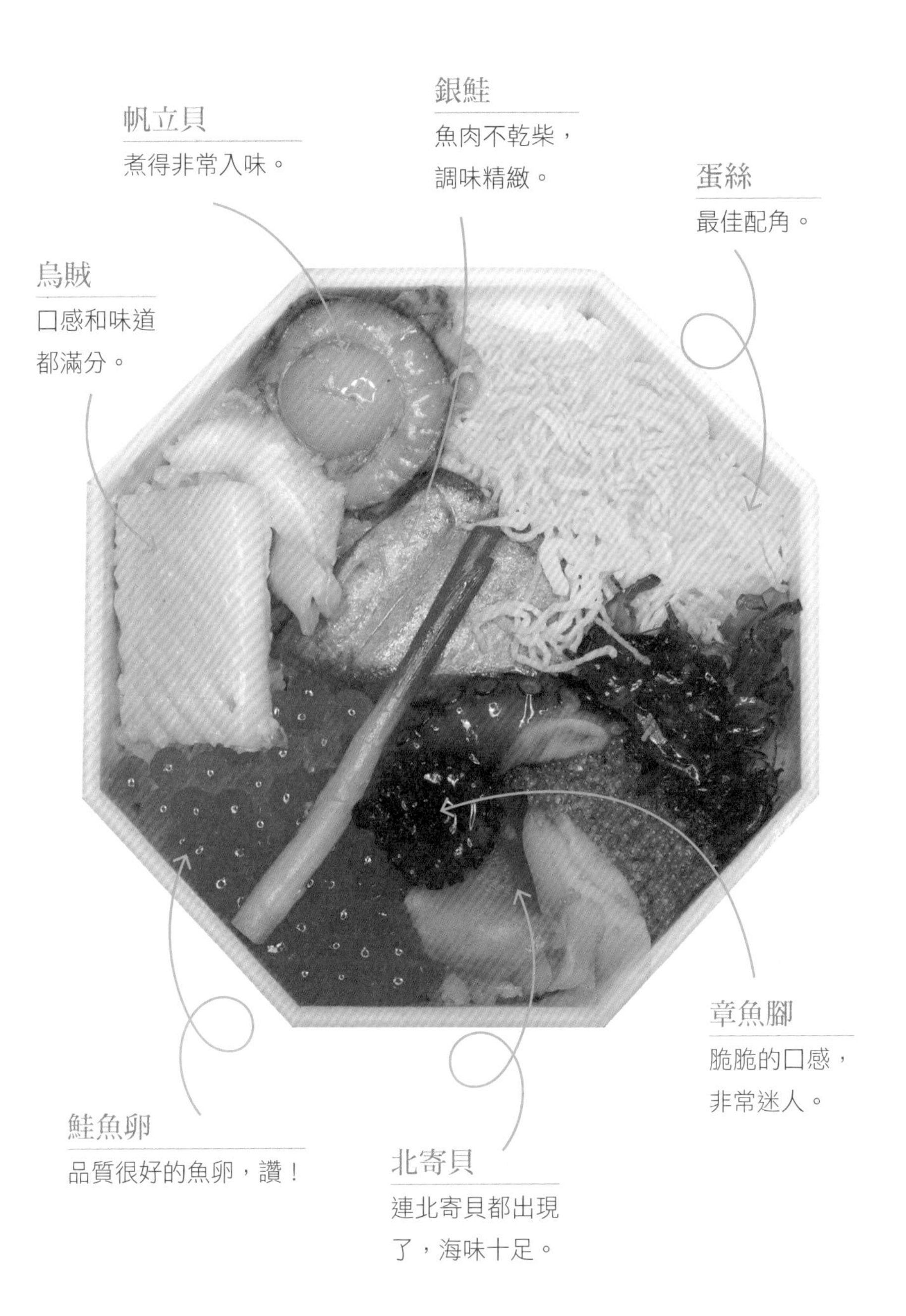
銀鮭
魚肉不乾柴，
調味精緻。
帆立貝
煮得非常入味。
蛋絲
最佳配角。
烏賊
口感和味道
都滿分。
章魚腳
脆脆的口感，
非常迷人。
鮭魚卵
品質很好的魚卵，讚！
北寄貝
連北寄貝都出現
了，海味十足。

東北

鮭魚親子便當　鮭はらこめし

大啖「尚青」的盛岡鮭魚

雖然日本東北地區的名產可以用海鮮來概括，但是每個城市還是擁有屬於自己的特色食材，例如：北海道的蟹、青森的章魚等等。盛岡市，更有你我最熟悉的魚鮮，那就是鮭魚。所以，不在這裡好好挑選個鮭魚便當，怎麼行呢！

盛岡為何會是鮭魚的故鄉？因為在盛岡市內的河流——中津川，只要季節一到，就會有大量的鮭魚洄游，就跟我們在各種生態節目中看到的一樣。因此，不論是餐館中或是便當內，都是產地直送的尚青滋味。這個便當也不譁眾取寵，畢竟有了別的地方比不上的食材優勢，裡面很簡單安排了茶漬飯配上熟鮭魚和鮭魚卵；飯的調味相當重，是屬於單吃也很可以的味道，加上品質不錯的鮭魚和鮭魚卵，雖然口味稍重，但是個鮮美的鮭魚便當。

便當小檔案

發售店家：伯養軒

主要發售站：盛岡站

價格：￥1000

鮭魚肉
產地的魚肉，
就是軟嫩！
鮭魚卵
吃進口裡會爆出鮮美汁
液的魚卵，一級棒！
炊飯
也稍加調味的米飯，
單吃也獨具風味。

北海道

蝦夷便當 蝦夷ちらし弁当

一次吃到北海道的總匯海鮮！

當一想到要來北海道，我滿腦子就是滿滿的海鮮啊！帝王蟹、松葉蟹、毛蟹、海膽、鮭魚卵……各式各樣的海鮮。而函館也的確不讓人失望，一抵達函館，觸目所及都是令人食指大動的海鮮啊！當然也得鎖定幾款海鮮便當才行！

尤其這一次來函館的目標就是進攻「海鮮便當」，而這個便當屬於什麼都有的款式。內容物有：蟹肉條，不是蟹肉棒喔！是整條蟹腿肉！另外還有漬鮭魚卵、海膽、魚卵、鰊魚刺身、鮭魚刺身、帆立貝，當然還有玉子和一些小菜。

光是這樣的陣仗，就已經讓人看得很開心了，吃起來更是爽度十足；而且和價錢比較起來，這是一款 CP 值很高的便當，還可以一次吃到北海道的海鮮大集合。

便當❖小檔案

發售店家：函館站

主要發售站：函館站

價格：￥1300

帆立貝

看這個個頭，就可以想像在嘴裡的完美口感了！

鰊魚

比起上一個鰊魚便當，這裡的更能呈現原味。

蟹肉、鮭魚卵、海膽

這三大天王一起放入便當，讓人光是用看的就滿足了！

鰊魚卵

魚卵當然一定要有的，否則就不是個完美的海鮮便當了。

北海道

海鮮散壽司便當 海の輝き

口中演奏交響曲的鮮美魚卵

橘色的海膽、紅色的鮭魚卵、金黃的柳葉魚卵、半月形的蓮藕，共同組成小樽海上最美的風景。

散壽司便當在鐵道便當類別中不算多，這類別看起來簡單，但要做的好吃並不容易。不但要將食材都處理成小小的狀態，還要將每樣食材以最恰當的比例來分布，食材彼此之間的平衡感便是散壽司便當是否美味的關鍵。

這款散壽司便當是小樽站的熱銷商品，原因無他，不只是開蓋時有如繁星點點的驚艷感，每一項食材也都恰如其分有各自的美味：蒸炊過的鮮美海膽、略鹹的醃漬鮭魚卵、脆脆的柳葉魚卵，加上滑嫩玉子燒以及清爽小黃瓜絲，結合在一起，一口咬下又能在口中共同譜出美妙樂章。

便當❖小檔案

發售店家：小樽駅構内立売商会

主要發售站：小樽站

價格：￥1260

海膽

數量相當驚人。

蓮藕

外觀美麗，增添便當視覺感。

碎玉子燒

分成小塊的玉子燒增加甜味。

鮭魚卵、柳葉魚卵

提供2種不同口感。

北海道

石狩鮭魚便當　石狩鮭めし

鮭魚親子攜手的美味

以札幌近郊石狩川捕獲的鮭魚製成的鮭魚親子便當，從 1923 年開始銷售至今，一直都是札幌站的明星商品。

石狩川除了提供美味的鮭魚，也讓人可以就近觀察鮭魚洄游的盛況。每年的 10 月中旬開始到 11 月底，一般鮭魚洄游多半都是在較無人煙的區域，因此札幌是少見在大城市近郊就能近距離觀察鮭魚洄游的地方。市區內有許多溪流都能讓人親眼看到正努力洄游產卵的鮭魚們，有興趣的朋友可以前往感受那份大自然的力量。

所以如此珍貴的鮭魚自然要讓其美味發揮到極限。鮭魚肉先燒烤過，再以生薑醬油稍微燉煮；用昆布炊煮的白飯上鋪滿鮭魚碎肉，再加上一顆顆晶瑩剔透的鮭魚卵，鮭魚親子聯手出擊總是不令人失望。請細細品味這鮭魚肉的細緻以及鮭魚卵的鮮甜在舌尖共同譜出的樂章吧。

便當❖小檔案

發售店家：弁菜亭

主要發售站：札幌站

價格：￥1000

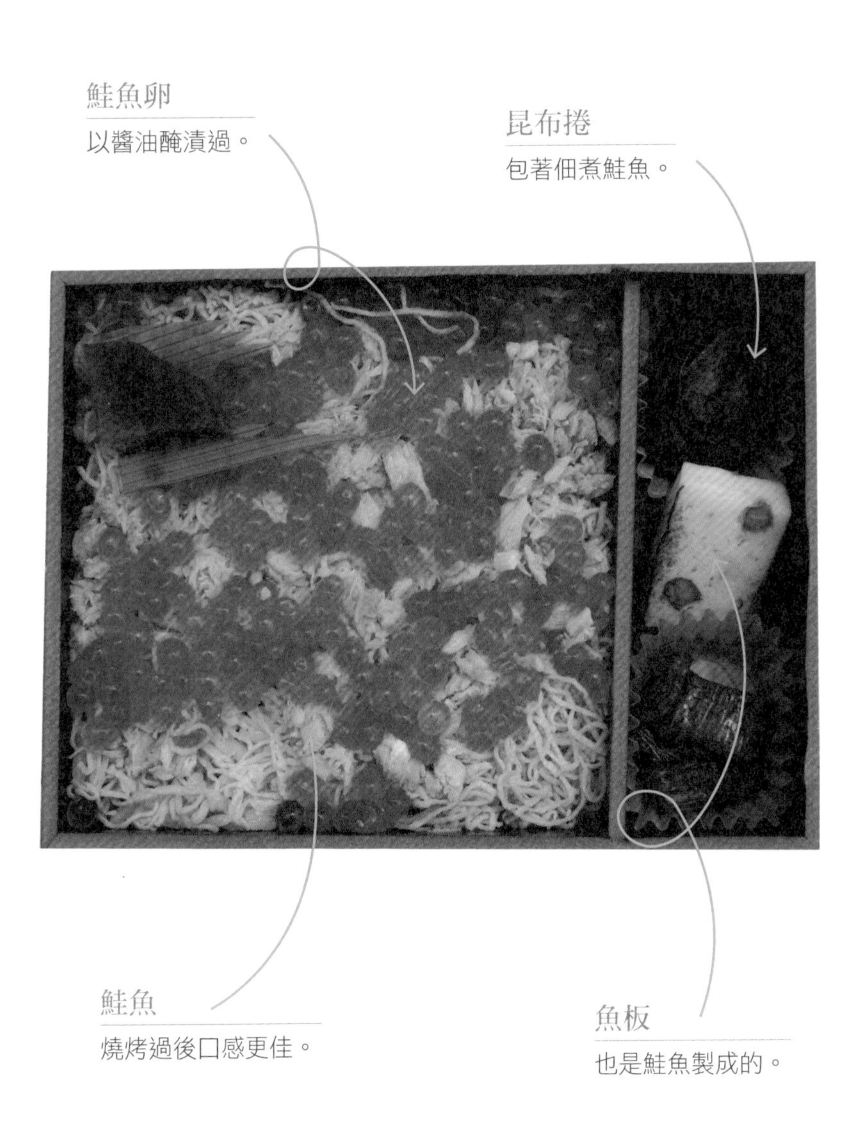
鮭魚卵
以醬油醃漬過。
昆布捲
包著佃煮鮭魚。
鮭魚
燒烤過後口感更佳。
魚板
也是鮭魚製成的。

北海道

蝦夷三海鮮便當 蝦夷海鮮鮨

3 種名產海鮮一次滿足

蝦夷，咦，但是這便當裡面並沒有蝦啊！來到北海道的朋友是否曾有過這樣的疑問，滿街都看到「蝦夷」2 字，但卻都不見老闆端出蝦來，到底蝦夷是什麼意思呢？

其實蝦夷日文是えぞ，原意是蝦夷人，又叫毛人，是日本原住民的其中一支，多在北海道，所以北海道的古名也叫蝦夷，和蝦子真的沒有關係喔。但是現在比較常見的用法是指北海道來的食物，所以只要在北海道看到蝦夷 2 字，就表示這裡的食材都是北海道在地自產的。

這一款便當簡單明瞭，螃蟹、海膽、鮭魚卵，將 3 樣北海道最出名的美味食材通通排滿滿一次送上，請笑納！

便當❖小檔案

發售店家：旭川站

主要發售站：旭川站

價格：￥1000

蟹肉
汆燙過後，保留蟹肉鮮美滋味。
鮭魚卵
以醬油醃漬過，增添便當風味。
海膽
蒸過後讓口感更加柔軟。

中國、四國

瀨戶押壽司便當 瀬戸の押壽司

鮮美緊實的鯛魚口感最對味

近年來，瀨戶內海成為不少腳踏車客的聖地，那一座座跨海大橋共同形成一幅相當獨特的景色。其中有個來島海峽，出產相當多品質優良的野生鯛魚，而這鯛魚便是此款押壽司便當的主角。

復古的木片便當外型，押壽司外層用竹葉包著，透明的鯛魚肉下隱隱透出紫蘇葉的形狀，是一款看起來相當高雅的押壽司便當。和外型相比，味道也毫不遜色：用醋醃漬過的鯛魚片保有鮮魚緊實的口感，和下面的醋飯呈現水乳交融的和諧美味。

這便當因為押壽司的特性，賞味期限長達 48 小時，所以常常有人買了當伴手禮帶回去。現在還有提供外縣市配送服務，日本鐵道便當的經營範圍真的是無遠弗屆啊！

便當❖小檔案

發售店家：二葉

主要發售站：松山站

價格：￥1350

略帶透明色，肉質緊實美味。

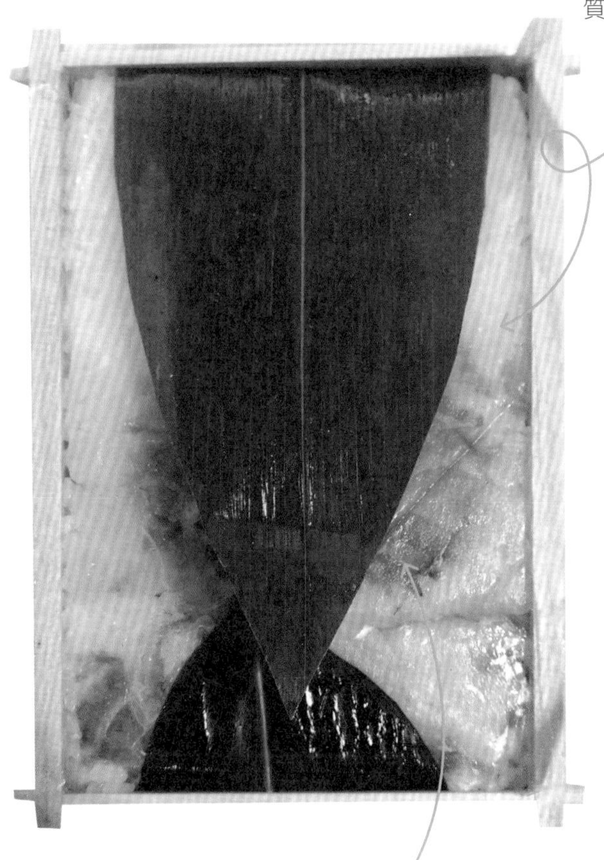

紫蘇葉

魚肉下面透出一片紫蘇葉。

Chapter 03

琳瑯滿目的特殊造型便當

日本鐵道便當不僅食材豐富多變，連便當盒外觀也有巧思，像是超高人氣的達摩、受小朋友喜愛的麵包超人，吃完後還能將可愛的便當盒帶回家收藏！

おてもと

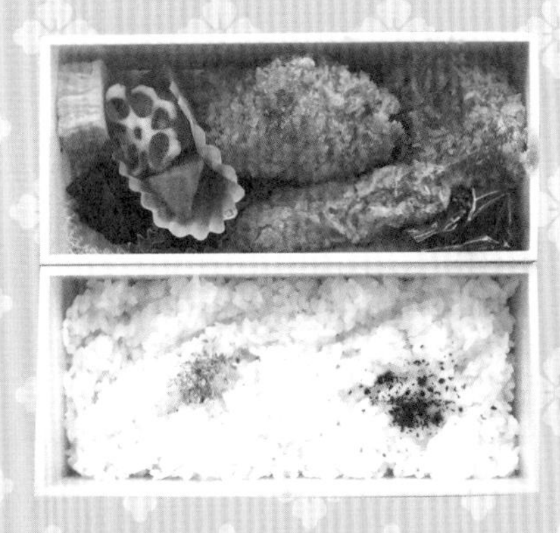

吃完後還能作紀念

各種特殊造型，一次滿足大人與小孩

認為便當總是四四方方的盒子、千篇一律模樣嗎？在日本鐵道便當的世界裡可不是。日本的便當除了菜色內容的豐富多元，其實連便當「盒」本身也是相當多彩多姿。

除了大家熟悉的方形或日式傳統造型的便當盒以外，其實在各個地區都有根據當地名產來做便當盒的設計。比方說，位在北陸的福井，因為是越前蟹的故鄉，所以在當地就有好幾款螃蟹造型的便當盒，而便當裡面自然就是裝著滿滿螃蟹肉的散壽司便當。

又或者是根據當地的知名產業來做便當的造型，像在日本象徵勝利的達摩像。群馬縣是日本達摩產量最高的縣市，縣內更有知名景點少林山達摩寺，所以在高崎站便能看到以達摩造型來設計的便當盒。而在桃子的知名產地岡山（同時也是桃太郎的家鄉），自然也就不能不來一個桃子造型的便當盒。

這樣設計概念也很常出現在小朋友喜歡的動漫角色上，日本很多地區都會因為畫家的故鄉，或是場景的設定，會搭配一系列的卡通周邊配套，如火車，卡通博物館等；所以鐵道便當當然也不會缺席。從麵包超人、Hello Kitty 到熊本熊，這些便當吃完之後都還能直接當小孩子日常使用的便當盒，實在是大大滿足日本人熱愛收藏的個性。

質感外觀與新幹線造型，收買鐵道迷的心

除了滿足孩子們的喜好，當然大人們的收藏也得兼顧。金澤車站有個利家御膳便當，擁有類似漆器質感的外觀，兩層便當的設計是模擬當時前田利家的家宴菜色，便當外層印上家徽，綁上水引，讓食用者體驗成為前田家座上賓的饗宴。

既然是鐵道便當，怎能不顧及最重要的鐵道迷呢？所以在各區也常見有各型號新幹線造型的便當，不同車站有不同的列車造型，連內容物也完全不同喔！

日本造型可愛的便當族繁不及備載，每個都兼具實用及紀念的意義，也是喜愛鐵道便當的朋友不能錯過的紀念品。下次去日本玩的時候，看到這些造型便當，千萬別錯過，買一個回家做紀念喔！

中部

登山巴士便當

箱根登山バスアニバーサリー弁当

毫不遜色的炸物，絕不能錯過！

在日本鐵道便當中，各式便當有紀念新幹線系列，也有的紀念歷史人物，甚至有的是為了慶祝地區的盛世而生……不過這款紀念巴士便當，倒是真的比較少見呢！

箱根登山巴士從箱根湯本出發，連接箱根各個旅遊點，不管是想漫步火山口步道、高山湖泊搭海盜船，還是去博物館尋找小王子、Outlet 大採購，登山巴士通通送你到門口。

這款可愛巴士造型便當是用來慶祝箱根登山巴士百年紀念。外觀的造型就是那台可愛的巴士，內容物也毫不遜色，而且還是雙層便當呢！其中下層是灑了一點香鬆，一點紫蘇的白飯；上層有炸蝦、炸里芋和豬排，超豐富的菜色，讓人吃得很滿足。

便當❖小檔案

發售店家：丸高

主要發售站：箱根湯本站

價格：￥1000

炸豬排

光是炸衣不油，就已經一百分了。

炸里芋

不油的炸衣，里芋更好吃。

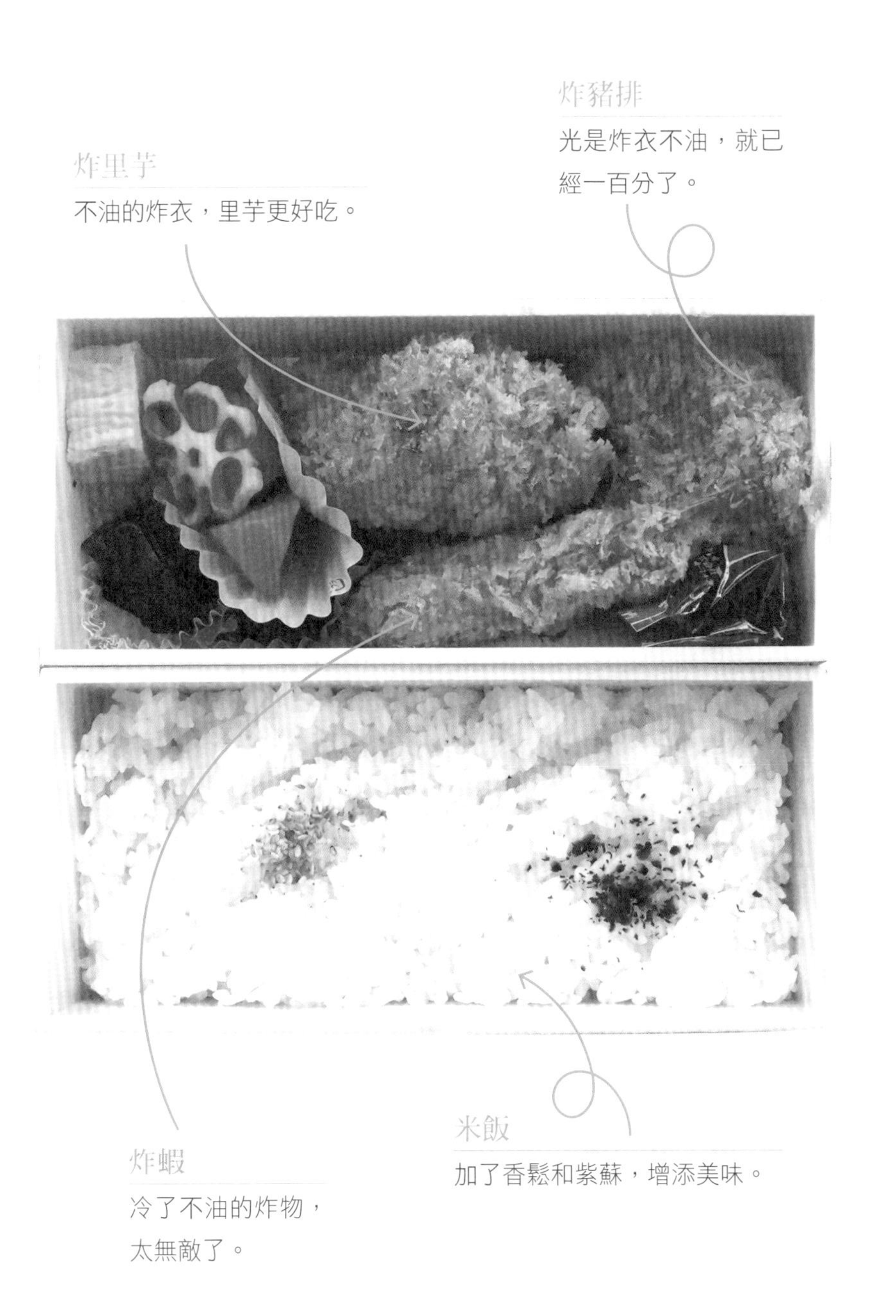

炸蝦

冷了不油的炸物，太無敵了。

米飯

加了香鬆和紫蘇，增添美味。

關東

達摩便當　だるま弁当

內外兼具的美味體驗

這個便當對鐵道迷或是常常前往日本自助旅行的人來說，應該不陌生，因為它可是熱銷破百年的超知名便當。

在日本因為崇尚「禪」的精神，且達摩祖師 9 年靜坐，經過七災八難的精神讓日本把達摩視為不屈不撓的好運象徵，所以各地寺廟都能看到小達摩造型的祈福物。

而高崎市則是全日本達摩像產量第一的城市，高崎市也相當以此為榮，因此推出這款達摩外型便當。便當內放入各種「味自慢」的料理（也就是對自家的料理味道極具信心之意），有雞肉、豬肉卷，另外還有牛蒡、筍子、香菇、醬瓜、煮大豆、雜菜炊等等。但是每一樣都不馬虎，每一樣都相當好吃，搭配的炊飯也不會搶走食材的風采。整體非常完美的達摩便當真的是外觀吸引人，但內在更引人入勝的絕品便當。

便當❖小檔案

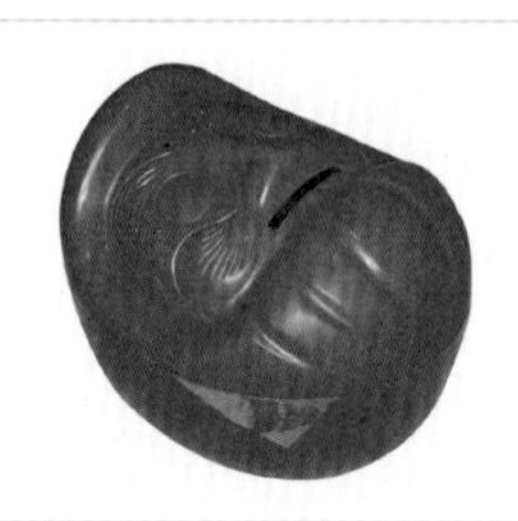

發售店家：高崎便當

主要發售站：高崎站

價格：￥1000

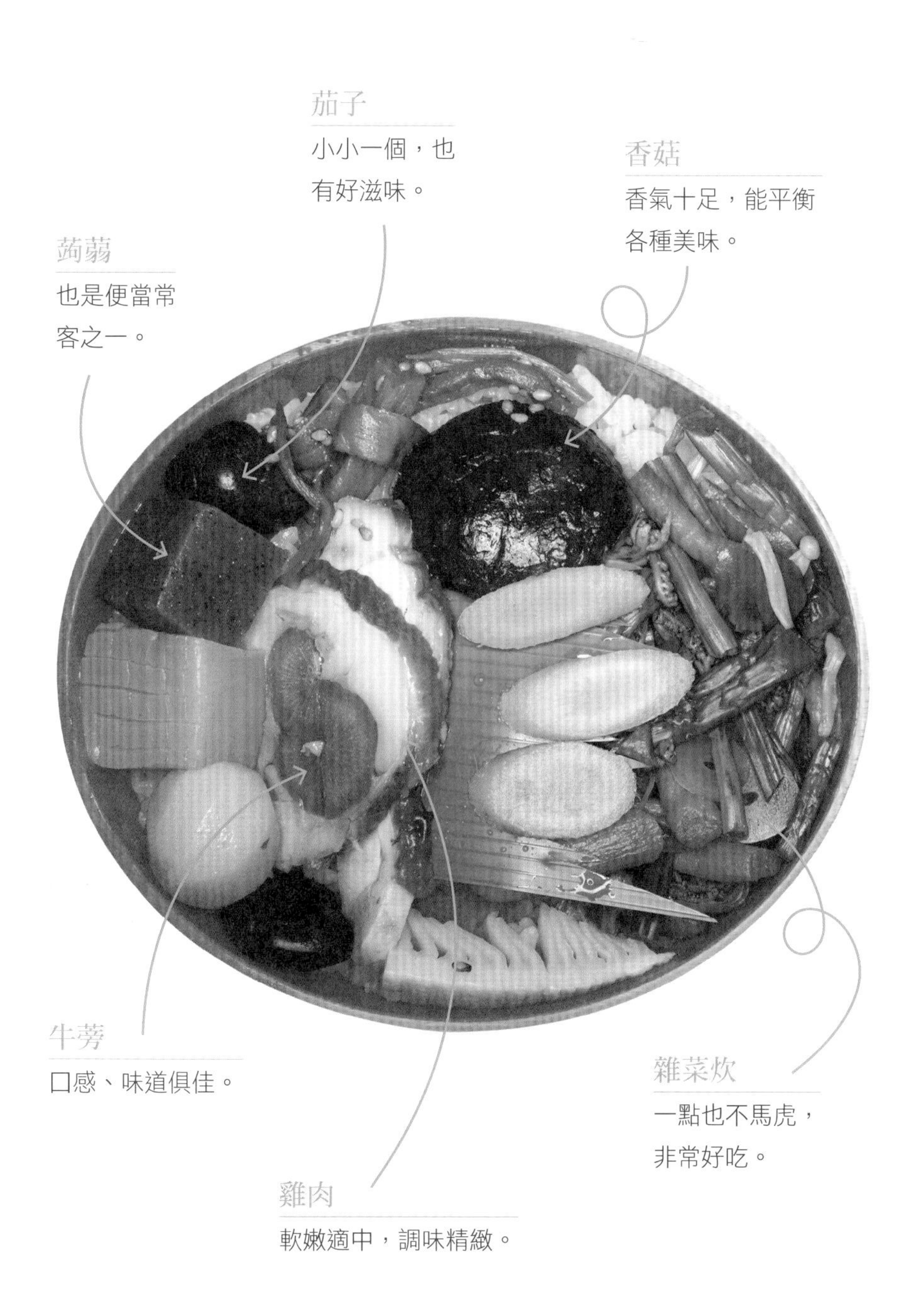
茄子
小小一個，也
有好滋味。
香菇
香氣十足，能平衡
各種美味。
蒟蒻
也是便當常
客之一。
牛蒡
口感、味道俱佳。
雜菜炆
一點也不馬虎，
非常好吃。
雞肉
軟嫩適中，調味精緻。

中部

雪人便當 雪だろま便當

讓討喜的雪人陪你吃飯

靠近日本海的新潟有雪國之稱，所以在這出現雪人造型便當一點也不讓人意外。

JR 東日本出了一系列鐵道便當扭蛋，這款雪人便當可是和仙台牛舌便當同樣為第一波入選便當。雪人超級討喜的可愛程度，讓便當光用看的心情就愉快不少；吃完後，便當外盒還可以當儲金箱；最特別的是眉毛還可以動，變換不同表情，實在是太值得收藏了。

便當內雖然沒有什麼貴鬆鬆的食材，但是菜色非常豐富。在雪人頭部裝的是雞肉鬆和白飯，身體的部分則是1片香菇、2片照燒雞，還有為數不少的野菜，飯量也不少喔！吃這個便當的時候，還有種探索的樂趣呢！不過，上方的小小雪人造型魚板，讓人很不好意思咬下去啊～因為實在太可愛了！這款無非是個好吃又好玩的便當。

便當❖小檔案

發售店家：三新軒

主要發售站：新潟站

價格：￥1050

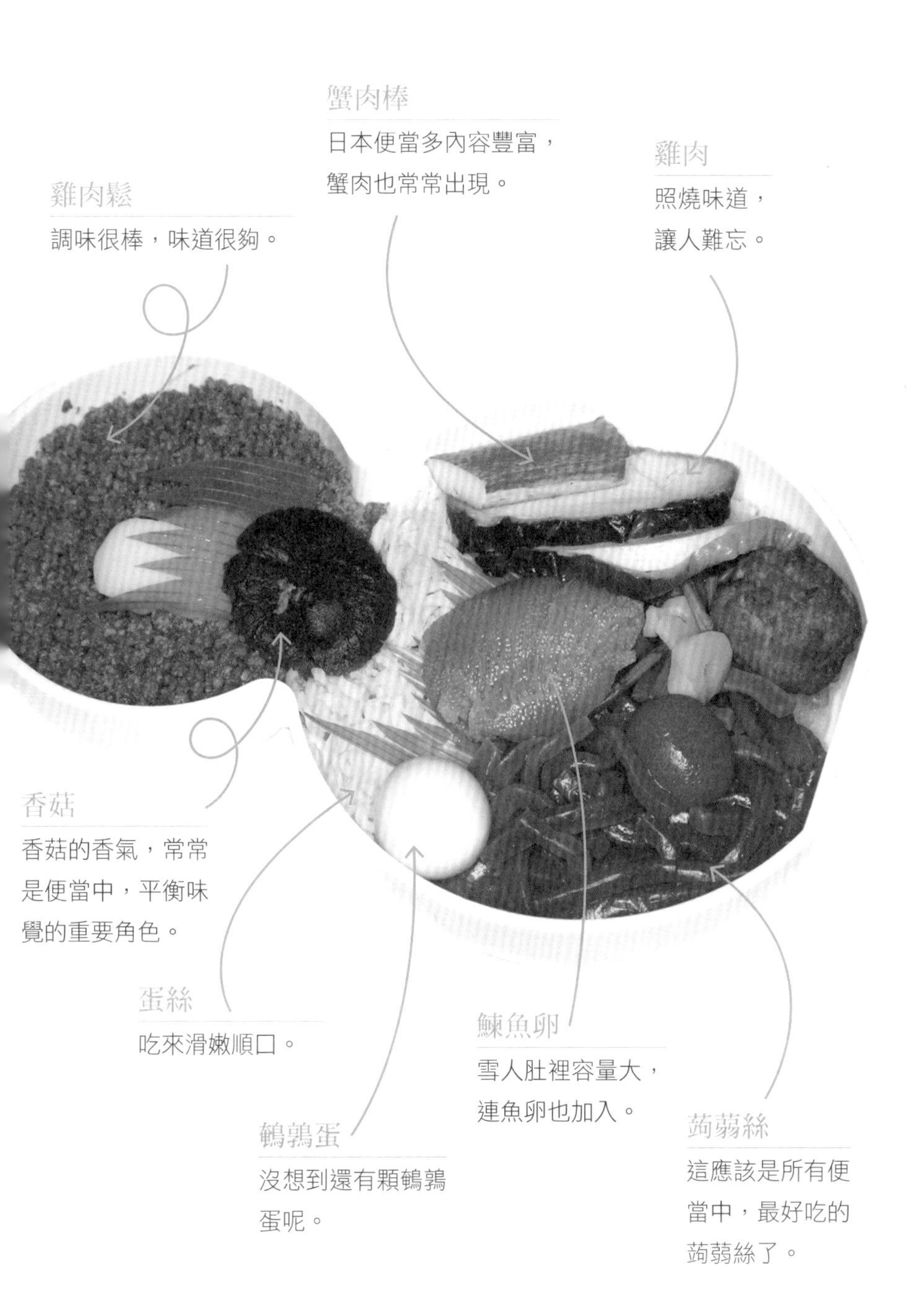
蟹肉棒
日本便當多內容豐富，
蟹肉也常常出現。
雞肉
照燒味道，
讓人難忘。
雞肉鬆
調味很棒，味道很夠。
香菇
香菇的香氣，常常
是便當中，平衡味
覺的重要角色。
蛋絲
吃來滑嫩順口。
鰊魚卵
雪人肚裡容量大，
連魚卵也加入。
鵪鶉蛋
沒想到還有顆鵪鶉
蛋呢。
蒟蒻絲
這應該是所有便
當中，最好吃的
蒟蒻絲了。

中部

利家御膳

來前田利家吃一頓上等宴席菜

這個外觀具漆器質感的便當，一看就知道來頭不小，在打開便當要開始大快朵頤之前，會先被附上的 2 張文宣吸引。一張介紹著這個名為「利家御膳」的便當的來歷，原來這是前田家的宴席菜；另一張則是介紹前田利家的主人翁的生平。原來前田利家是 16 世紀重要的武將，在豐臣秀吉與德川家康權力交替之際，有著重要地位的人。除了這層歷史意義增添便當的附加價值之外，附上的文宣，用紙都很精美，就像是收到一封邀請函一樣，真有日本人的風格。

這便當是雙層便當，下層有 2 種飯，一個白飯一個炊飯，上層就是各式菜餚的空間，每樣菜都看得出來手工很細緻。炸物放了比較少見的蓮藕，還有個切片魷魚，涼拌處理，非常好吃；另外，白色魚板和上面的燉煮雞肉也還不錯，甜點是粉紅色紅豆麻糬，是個很完整的便當。

便當❖小檔案

發售店家：金澤站

主要發售站：金澤站

價格：￥1000

白飯與什錦飯

飯粒很黏很好吃。

麻糬

為便當劃下完美句點的絕佳甜點。

魷魚

涼拌的非常美味。

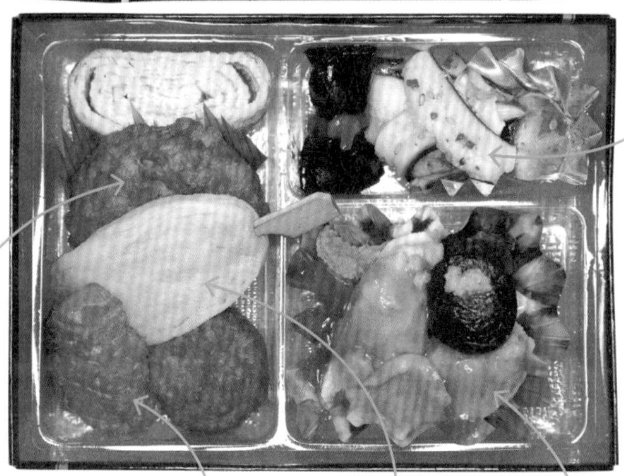

天婦羅

連天婦羅都有，足見這便當的澎派！

魚板

讓人意外的好吃。

鴨肉

用蒸的方式料理，很不錯。

鮭魚肉

鮭魚也是日本便當裡常見的海鮮。

關西

N700便當　N700系新幹線弁当

為小孩設計的造型紀念款

N700，意思就是新的 700 系列新幹線，從 2011 年開始於新幹線鐵道上奔馳，也成為主力車款，一直以來都是鐵道迷們的相機熱愛追逐的車型之一。2020 年，台灣高鐵也將引進 N700 系列，到時候在台灣也能見到 N700 的風采囉！

無庸置疑地，這款 N700 紀念款便當，有個非常可愛的外表！但是裡面食物卻是小孩面向的設計概念，有義大利麵，加上蛋豆腐、漢堡排以及炸雞和炸蝦，吃起來都相當普通。對我而言，這個便當盒價值遠遠超過便當內容物，就別對內容物抱太大期待喔。

新幹線造型便當有好幾款，不但車款不同，內容物也截然不同。另外也有和食風的便當，至於會不會比較好吃，就麻煩勇者們體驗完再與我分享吧！

便當❖小檔案

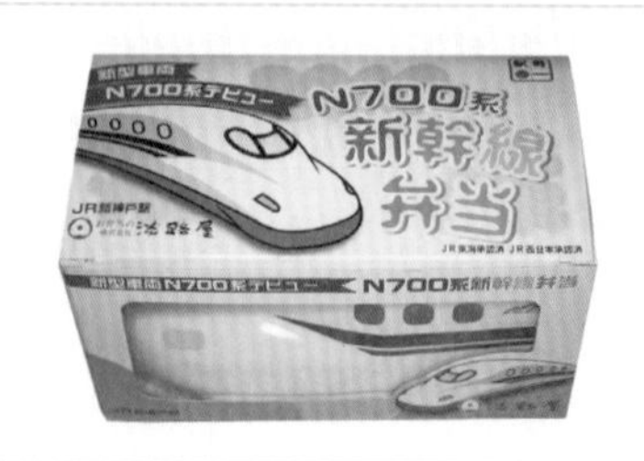

發售店家：丸高

主要發售站：新大阪站

價格：￥1000

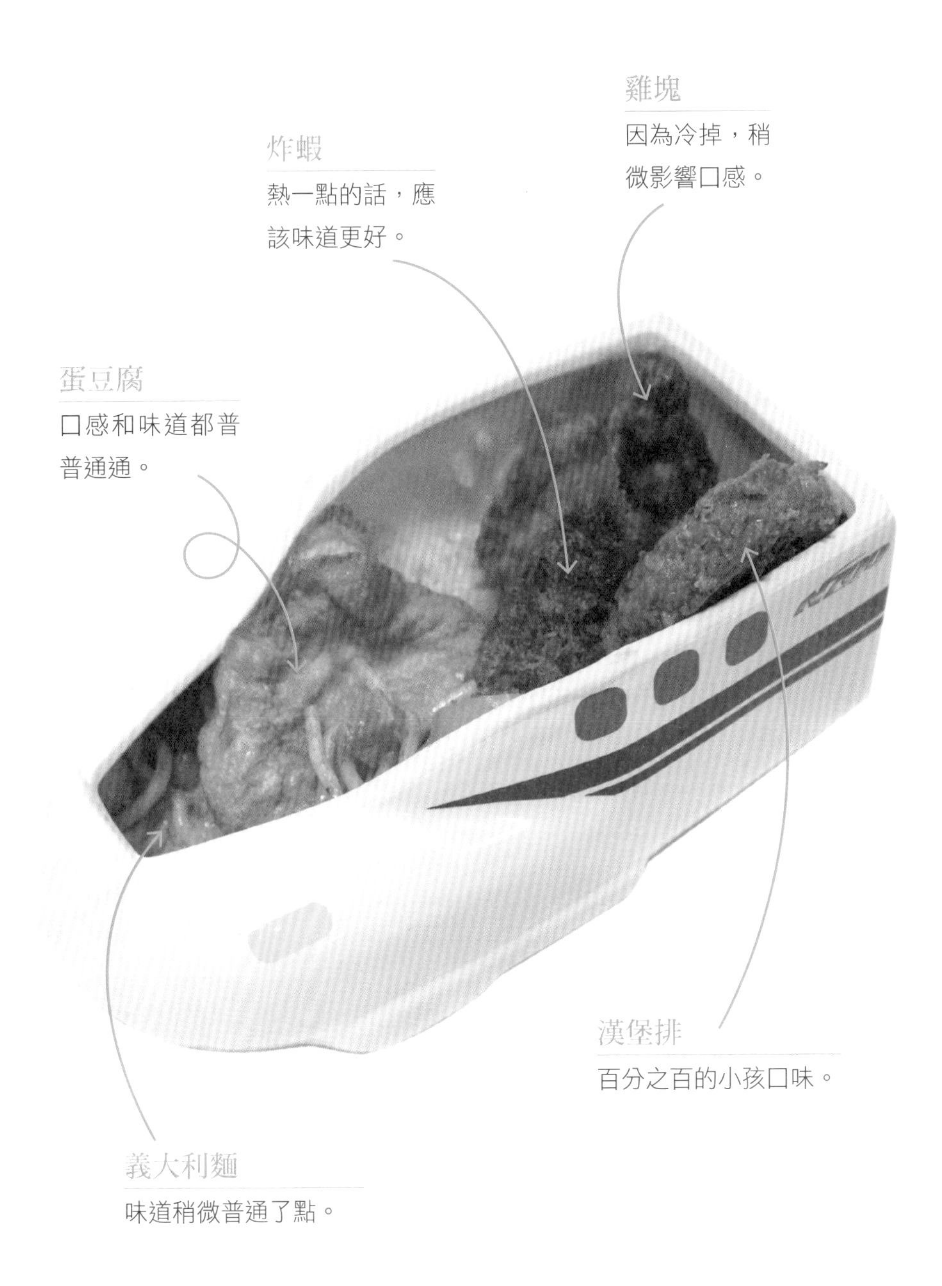
雞塊
因為冷掉，稍微影響口感。
炸蝦
熱一點的話，應該味道更好。
蛋豆腐
口感和味道都普普通通。
漢堡排
百分之百的小孩口味。
義大利麵
味道稍微普通了點。

中國、四國

麵包超人便當

アンパンマン弁当

適合孩童口味的熱賣款

這款便當一直在我待收集名單裡名列前茅，一來是因為超可愛的外表，二來則是因為這款便當不但遠在四國高松站，更是建議預約才能確定入手的一款熱賣款便當。但就在四國撲空 2 次之後，竟然在東京車站看到這款便當，是命中注定的巧遇！

高松是《麵包超人》作家柳瀨嵩先生的故鄉，也因此在遊歷四國時不時會看到麵包超人的各種周邊商品。

在高松站推出 2 款麵包超人便當，此款是較為暢銷的圓形飯盒，另外還有一款是附帶水壺的款式，裡面的菜色都屬於兒童面向。番茄口味炒飯、小熱狗、炸雞、炸蝦、燒賣，還有餐後甜點一口果凍。讓孩子從拿到便當開始能一路滿足到飽餐一頓。而且造型便當都是能再次重複使用的，若上學幫孩子使用這款便當盒裝午餐，一定能羨煞同學們。

便當❖小檔案

發售店家：三好野本店

主要發售站：高松站

價格： ¥1240

果凍

葡萄口味，小朋友超愛！

地瓜

鬆軟好吃。

小熱狗

小朋友便當裡不可或缺的重要角色。

肉丸子

糖醋酸甜口味，很開胃。

炸蝦

提供一整隻蝦，滿足又好吃。

中部

燒螃蟹便當　焼かにめし

下重本的蟹肉讓人胃口大開

位於福井縣西北方的越前岬緊鄰日本海，寒暖流交會、向海延伸的地形，提供了孕育越前蟹的自然條件。每年只開放 11 月～隔年 3 月可以捕捉螃蟹，就是為了讓生態可以永續發展，所以只有冬天來到福井才能吃到最新鮮的越前蟹喔。

來到福井站第一目標當然就是螃蟹便當，這款燒螃蟹便當是福井的知名便當，當然不能錯過。

便當外盒直接就是一隻螃蟹模樣，很是可愛。打開盒蓋，螃蟹的螯和腿排列整齊，讓人一看就胃口大開，也就不心疼便當的價格了！螯和蟹腳都是處理過的，很方便食用，一口吃下整條腿肉絲，讓人好開心、好滿足；另外，炊飯和蘿蔔乾也很美味。福井的螃蟹便當真的都很讚啊！

便當❖小檔案

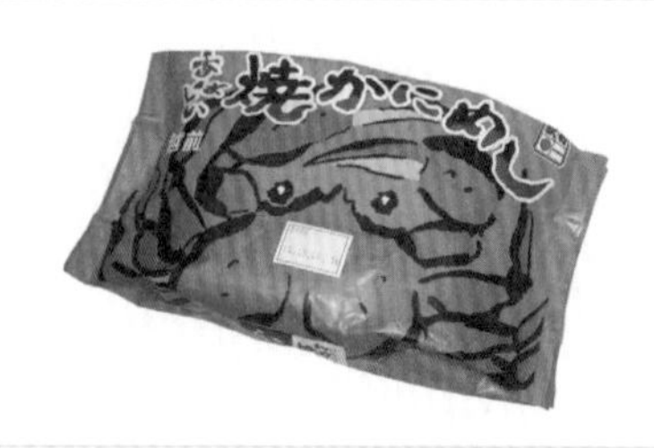

發售店家：番匠本店

主要發售站：福井站

價格：￥1200

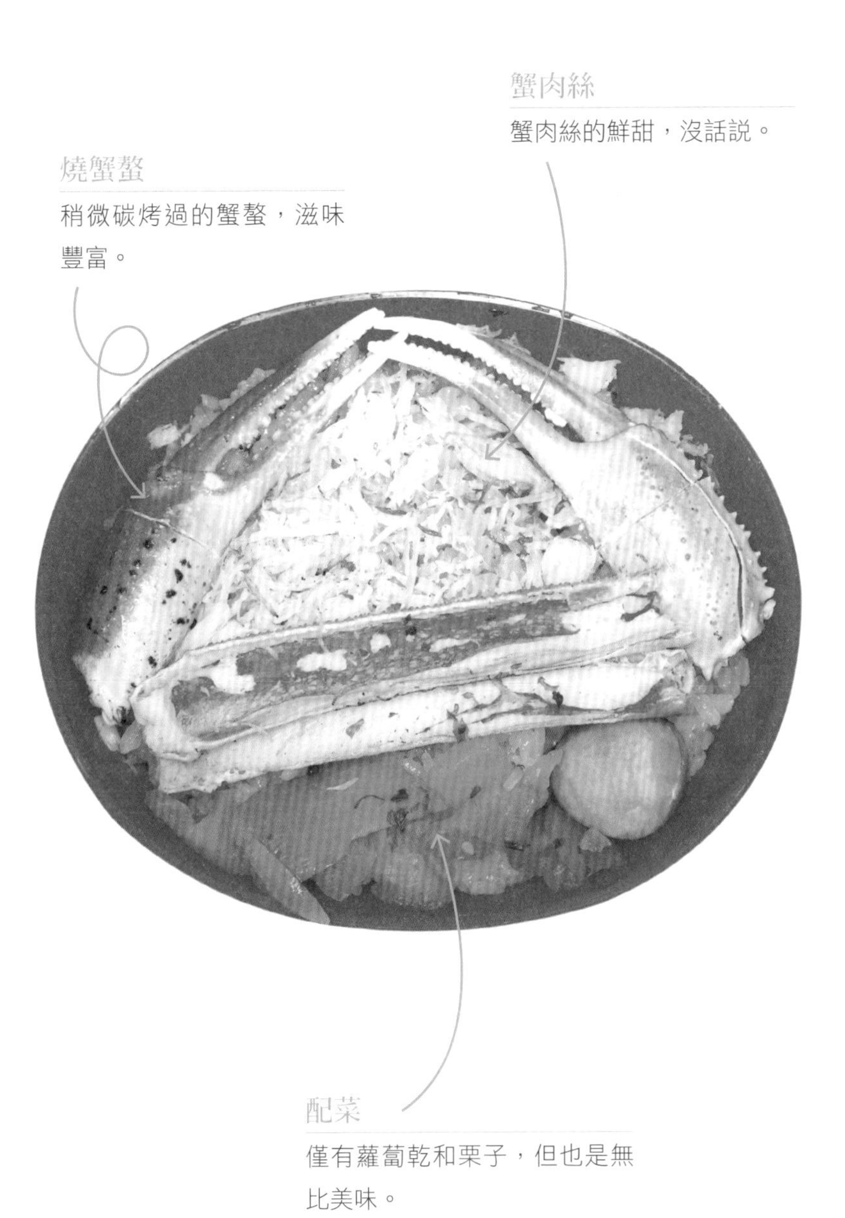
蟹肉絲
蟹肉絲的鮮甜，沒話說。
燒蟹螯
稍微碳烤過的蟹螯，滋味豐富。
配菜
僅有蘿蔔乾和栗子，但也是無比美味。

中國、四國

桃太郎的祭典便當

桃太郎の祭ずし

超下飯魚肉、漬物讓人大呼過癮

桃太郎！便當！看到這個名字，又知道是岡山站第一名的便當。第一時間以為我會看到一個桃太郎造型的便當，結果並沒有這麼「搞剛」啦！是個粉紅色桃子形狀的便當，外面是桃太郎的圖案而已。

吃了幾口之後，發現這個便當還不錯吃，各種味道都頗強烈，但是卻能搭配得恰到好處。如果閉上眼睛細細品嘗，這個便當有淡口味的清爽魚肉，加上下飯的漬物，又鹹又酸，再配上白飯，味道的搭配非常精采、豐富。

岡山最出名的特產就是清水白桃和麝香葡萄了，這 2 樣高品質水果不管是在日本本地還是外銷，都是昂貴的極品保證。來到岡山，除了桃子便當，也別忘了品嘗真正的清水白桃喔。

發售店家：三好野本店

主要發售站：岡山站

價格：￥1000

土魠魚
相對清爽的魚肉。
蛤蜊
少少的，但對於整體味道的貢獻，不容小覷。
鰻魚
口味濃郁，創造多樣的味道。
章魚
幾片章魚，清爽口味，平衡整體。
壽南小沙丁魚
一樣以醃的手法料理。
蝦
蝦子很搶眼，味道也不錯。
虱目魚
醃得又鹹又酸，非常過癮。
香菇
香氣濃厚的配菜，其實很重要呢！
蝦蛄
也是屬於味道較重的菜，非常下飯。

Chapter 04

鐵道便當也能吃到和牛

不要懷疑，在鐵道便當裡就能吃到各種高級和牛！像是一個便當裡可以吃到 3 種部位的霧降高原牛便當、重質不重量的滑嫩前澤牛，和有特色的新潟和牛，多樣選擇只會讓你愈吃愈著迷！

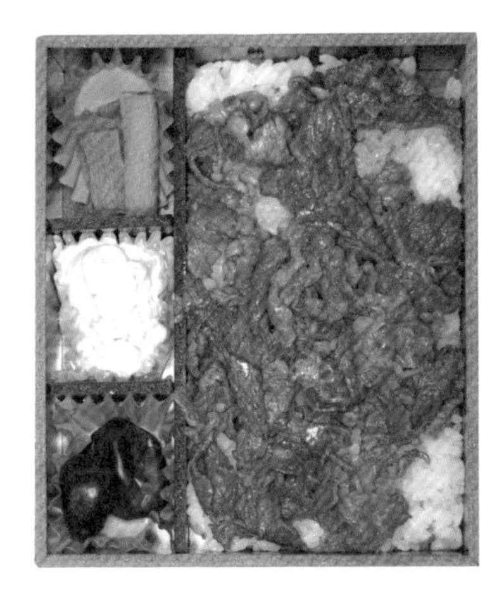

吃得到各種口感的牛肉料理

來日本就要吃高級和牛

對日本鐵道便當的印象不外乎海鮮、飯糰、壽司嗎？東京大丸百貨公布 2019 年東京車站最熱賣鐵道便當 Top10，（銷售日期從 2018 年 3 月 1 日至 2019 年 2 月 28 日）令人相當意外的是，以牛肉為主的鐵道便當竟然占了 6 個名額。不管是做成漢堡排、厚切牛舌、壽喜燒等料理方式都相當熱賣，原來日本人在電車上最想大快朵頤的竟然是牛肉便當。

入口即化的高級肉質 大大滿足味蕾

和牛一向是日本的驕傲與最愛，主要以黑毛和牛為主，又可以用產地來分辨，最出名的為神戶牛、松阪牛以及近江牛。但除了這揚名海外的 3 大和牛以外，在日本如米澤牛、飛驒牛、但馬牛等也都是品質相當好的和牛。

和牛的特色就在於肉質的不飽和脂肪酸比一般的牛肉來得高，以健康的角度來看是優於一般牛肉。除了健康，美味更是不在話下。和牛最知名的部分便是那分布細緻的油花，有些部位因為油花分布因素，看起來是如櫻花一般的粉紅色，而這油花不是光看著美麗，油花在 40 度時開始融化，所以和牛只要稍微加熱，搭配融化的油花一口咬下，那鮮甜的油脂會讓你體會真正所謂的入口即化。如果想體驗和牛感的鐵道便當，建議嘗試切片較完整、調味簡單的類型，如名古屋的近江牛肉便當：微微炙燒過的切片牛肉，就算吃冷的也不膩口，能嘗到和牛獨有的油花以及口感。

各式各樣的牛肉料理隨你挑

牛肉便當最常見的類型就是燒肉便當，有些會以標榜產地為號召，也有用特殊料理或是部位來做主打。如神戶牛排就採取加熱式的便當，加熱過的牛排風味的確翻倍。也有人發揮創意，利用燒肉片來做牛肉捲壽司便當；或是 3 種部分塞進一個便當裡，讓人一個便當 3 種享受。要是還不能滿足你的期待，就拉著豬肉好朋友一起來，來個牛豬大對決，讓愛吃肉的朋友大大滿足。

壓軸出場的自然是牛舌便當了，在仙台，人們對牛舌的喜愛不只是滿街的牛舌餐廳，更是在鐵道便當上發揮的淋漓盡致。除了各大牛舌知名連鎖店皆有推出聯名款牛舌鐵道便當，第一款加熱式鐵道便當便是仙台的老字號牛舌便當，薄切、厚切、冷著吃、熱著吃，總能挑到你愛的牛舌便當。

從簡單調味展現和牛肉質的和牛便當，到價格便宜隨手可得的牛丼燒肉便當，還有口感風味都很獨特的牛舌便當，日本的牛肉便當有如春天的花園一般百花綻放各有姿態，不管你口味如何，總會有你愛的那一款。

關西

近江牛便當　近江牛ステーキ重

如置身頂級牛排館的肉質

講到日本和牛，絕大多數的人腦海中跳出的首先是神戶牛，再來就是松阪牛吧，但是你知道誰才是日本歷史最悠久的和牛嗎？就是這同樣名列 3 大和牛之一的近江牛。

在豐臣秀吉統治時代就有以近江牛宴請家臣的紀錄，明治之後開放食用牛肉，近江牛更是開始輸出，但為何這名字卻是近幾年才聽聞呢？其實是因為當時的牛肉命名都是以送出的運輸港為名，所以近江牛都被冠上神戶牛的名號出口。這也是為何當時神戶牛名震四方，其實近江牛的貢獻功不可沒。這樣張冠李戴的日子一直到 1889 年東海道正式開通，透過陸路運輸牛肉，近江牛才真正找回自己的名字，不過靠著高品質，百年來也奠定本身 3 大和牛的地位。

回頭看這近江牛便當，雖然是冷便當，但是那切面粉紅色的肉質及均勻的油花，果真不辜負這和牛美名，入口之後的肉質鮮甜滑嫩讓人難忘。真的很難想像這是一個鐵道便當所能吃到的牛肉，再度對日本鐵道便當佩服不已。

外熟內生，無血水，口感一級棒。

近江米

混到部分燒肉醬的米飯，很有味道。

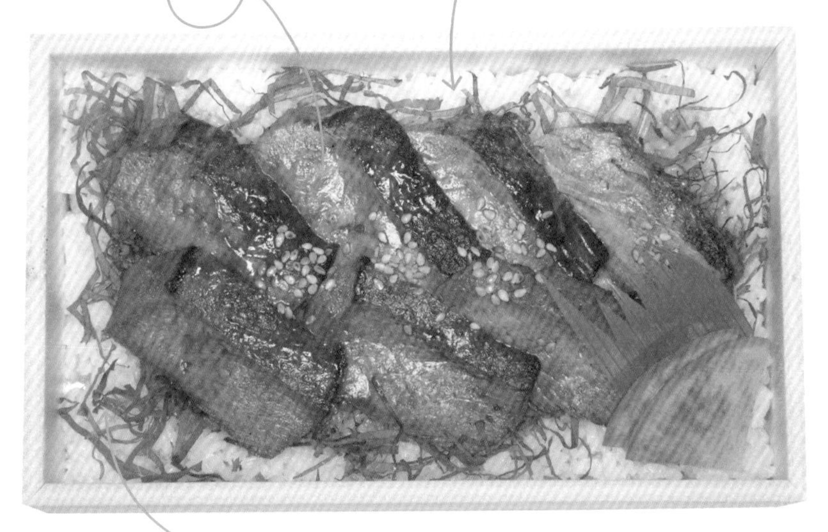

青蔥絲

蔥的嗆味更襯牛肉。

發售店家：井筒屋

主要發售站：米原站

價格：¥1500

便當❖小檔案

關東

霧降高原牛肉便當

とちぎ霧峰高原牛めし

3 種牛肉口感一次滿足

牛肉，真的是日本鐵道便當中，肉類便當內人氣最旺的，對我這愛吃牛肉的外國人來説，真的是天堂。而且日本的牛肉，真的好吃耶！所以當我看到這個便當，又有 3 種不同部位的肉可以品嘗，二話不説，買！

這個霧降高原牛便當，使用了 3 種部位，分別是牛肩、牛腿及筋；呈現方式則是類似牛丼。霧降高原牛是荷蘭種公牛與日本黑毛和牛的配種，所以吃起來較有口感，牛肉味也較明顯。另外旁邊的 3 種小菜也很特別，尤其是中間的豆皮更是日光名物，在日光又有一個很美的名稱「湯波」。這種煮沸豆乳之後，取上面薄膜的豆製品，在日光這被發展成各式料理，最道地的便是豆皮宴。到日光參觀東照宮之餘別忘記品嘗這「湯波」喔。

便當❖小檔案

發售店家：松廼家

主要發售站：東武日光站

價格：￥1000

牛肉

3個部位分別是肩、腿與筋。雖然調味不太特別，但一次吃到3種牛肉，也很值回票價！

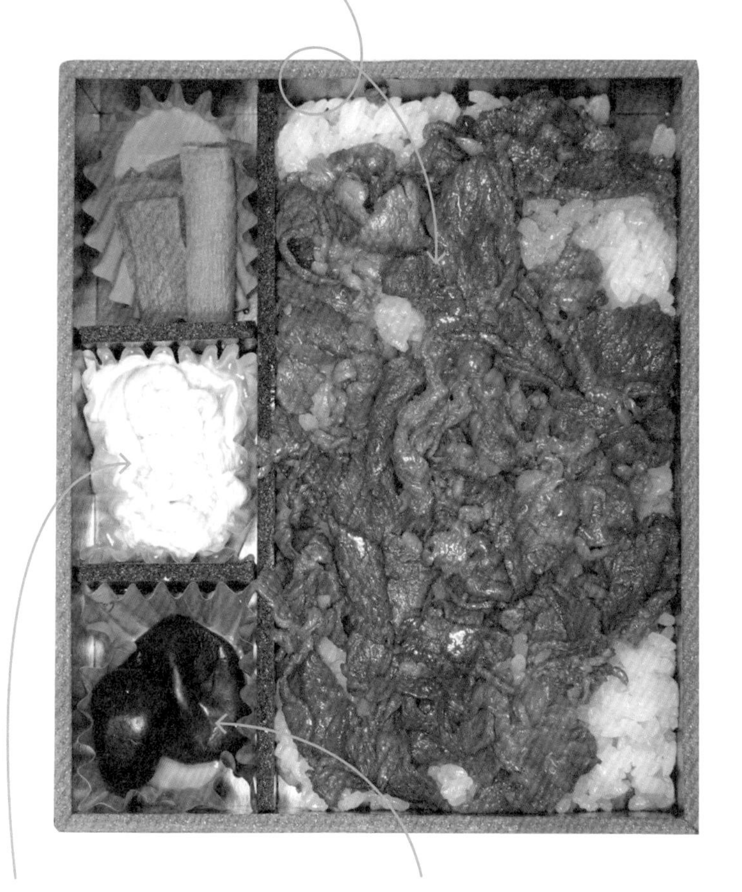

配菜

由上而下為：葫蘆乾、豆皮、茄子。算是少見的配菜，吃起來很有新鮮感。

茄子

佃煮得不錯。

東北

前澤牛便當　前沢牛めし

滑嫩的肉質口感超誘人

前澤牛是日本有名的和牛品種之一，從前還有「西松阪，東前澤」的美稱。產區主要在岩手地區，所以東北地區的這幾站都可以買到前澤牛的便當。

前澤區相當靠近盛岡，每年 6 月的第一個週日會舉辦前澤牛祭典，想吃到便宜又美味的前澤牛來這祭典就對了。

若是沒辦法趕上祭典，那就來個牛肉便當吧！雖然片數不多，但是和牛的特色表現無遺，油花入口即化，搭配旁邊入味的蒟蒻絲及牛蒡相當下飯。小菜部分，有甜味的核桃小魚乾，還有一個吃起來像辣味豆腐乳的小菜，整體搭配相當出色。

若是 10 月～隔年 4 月來岩手旅遊，還會推出牛肉刺身便當，那應該更是咬一口就想飛上天的愉快感受吧！

便當❖小檔案

發售店家：盛岡站

主要發售站：盛岡站

價格：￥1200

玉子燒

當然少不了這一味囉！

蒟蒻絲

也是便當裡常見的角色。

牛肉

不愧是和牛，口感驚人的好！

牛蒡

不能用牛肉鋪滿便當，就用牛蒡吧！

佃煮小菜

小配菜的調味，有甜、有辣，非常下飯。

中部

新潟和牛便當　新潟和牛弁当

愈吃愈著迷的和牛

新潟米是日本越光米的代表，但是新潟和牛就比較沒聽過了。吃了這麼多牛肉便當，大家知道到底要怎麼分辨日本的和牛等級嗎？

日本牛肉分為 15 種等級，數字 1 ～ 5 表示油花分布的霜降度；前面的英文則是精肉率，分為 ABC 共 3 等。所以最高等級就是大家常聽到的 A5。一般來説 4 級以上才會被稱為和牛。

一路吃來的和牛便當，大多以牛丼的形式出現，新潟這個便當也不例外。便當整體在主食和配菜的味道方面搭配得很好。比較不同的是，新潟和牛便當，是另外用牛蒡代替洋蔥，雖然有點不一樣，但是對我來説反而很下飯呢！玉子燒也不走大家常見的滑嫩口感，吃起來反而像是台灣的烘蛋。一股熟悉感又在異地浮現了，好親切啊！甚至讓我一度想起菜脯蛋呢！

便當❖小檔案

發售店家：三新軒

主要發售站：新潟站

價格：￥1050

和牛

調味雖然重了點，
但是非常下飯。

玉子燒

充滿蛋香的好
吃玉子燒。

梅汁蘿蔔

非常爽口，平
衡了整個便當
的味覺。

米飯

是新潟米喔！

但馬牛便當 但馬牛牛めし

姬路站內人氣第一

從前的神戶牛，是指從神戶港運送出去的所有和牛，開放陸路運輸之後，神戶牛也被重新定義，要產自兵庫縣的但馬原種牛才能被稱為神戶牛。

講到但馬牛，2019 年發現一個美好的意外。但馬牛的原原種在日本已經消失，因為飼養關係不斷與其他牛種混合，就在大家以為最高等級牛肉原始種已經消失的時候，卻在台灣找到了！原來在 1933 年時，日本人為了耕作需求而將一批牛運送來台，後來日軍撤退，負責養牛的人就在陽明山擎天崗上放養，因為與其他牛種呈現隔離狀態，只能近親繁殖，反而讓這批牛在經過基因檢驗之後發現是最原始的但馬牛原原種。這天上掉下來的禮物現在正由專家們致力培育出與台灣牛的混種，期待有天能看到台灣自產的和牛面市。

濃厚的牛肉美味加上酸得剛剛好的小菜，以及菇類和洋蔥本身較強的氣味，讓重口味的牛肉在嘴巴中有了完美的平衡，真的是一份非常好吃的牛丼飯。

但馬牛

牛肉的香氣和調味的醬香，完美結合。

洋蔥絲

是搭配牛肉的最佳蔬菜。

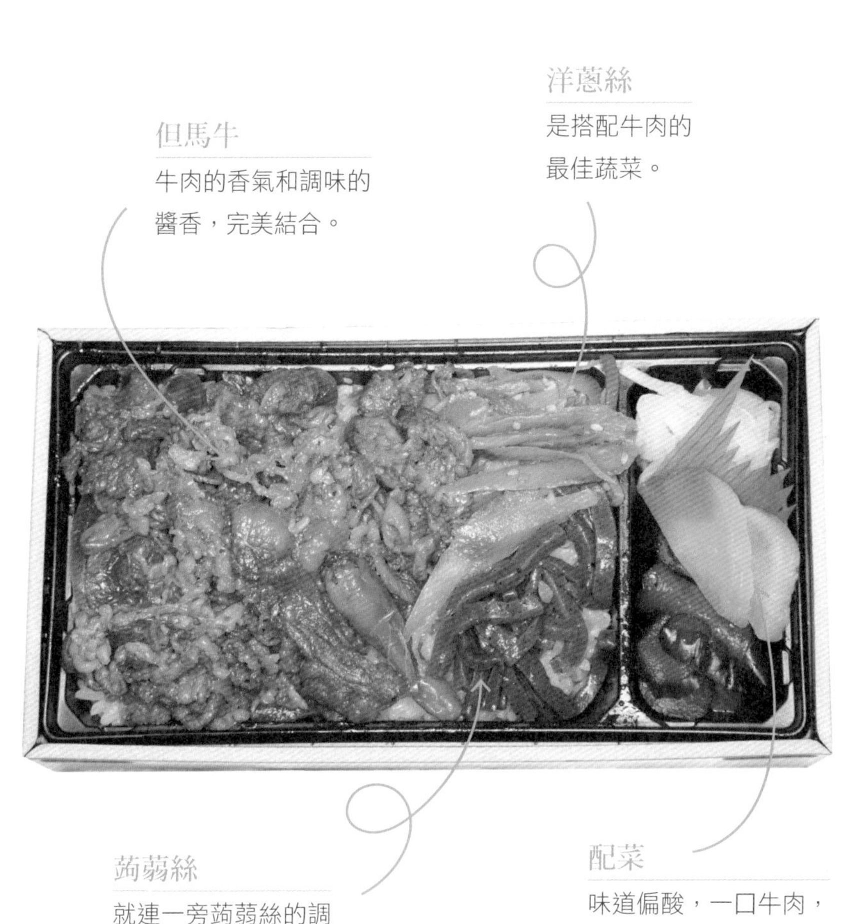

蒟蒻絲

就連一旁蒟蒻絲的調味也很講究。

配菜

味道偏酸，一口牛肉，一口配菜，剛剛好。

便當❖小檔案

發售店家：まゐき食品

主要發售站：姫路站

價格：￥1100

關東

牛肉卷便當

創作壽司牛肉乃卷ぎめうじくのまき

創意十足的燒烤肉卷

便當外表就標明了創作2字，其實就是類似在台灣日本料理店常常有師傅發揮創意的餐點一樣。畢竟在壽司的故鄉日本，每款壽司可都是有歷史的。這款創作壽司便當，主要的食材就是牛肉，用牛肉來捲住醋飯來呈現。因此好不好吃的關鍵，就都取決於牛肉如何料理了。雖然肉質沒有讓人驚艷，但是燒烤醬倒是非常不賴，而且一卷一卷的，吃起來很方便，趕路的時候超適合。旁邊當然少不了日本便當裡的常備綠葉──醃漬小菜囉！

在這邊要小小提醒一下大家，新幹線上的小站便當，通常很快就會賣光了，如果想來趟鐵道便當之旅，或是有鎖定特定的便當，就得早早出門，最好在中午前買好。日文流暢的朋友，更可以事先預定好，否則很容易撲空的！

便當❖小檔案

發售店家：新宿便當大宮營業所

主要發售站：大宮站

價格：￥1000

燒烤牛肉
肉質不特別突出，但在燒烤醬的搭配下，非常好吃。
醋飯
酸得剛剛好，不簡單！

中部

大友樓特製牛肉便當

特製牛肉弁当

滷牛肉的滋味再多也不膩

金澤是江戶時代年領百萬石俸祿的加賀藩城邑所在，又有小京都之稱，所以自己發展出一套獨特的加賀料理。

推出這牛肉便當的大友樓，原本是負責供應加賀藩飲食的，後來金澤站開通，便被推舉進入站內賣便當；現在是金澤站非常出名的鐵道便當供應商。而大友樓最出名的便當就是一款全國最貴的鐵道便當，每一個要價日幣 10,000，折合約台幣近 3,000 元，且需要 3 天前預約，也需一次訂購 3 個以上，是日本鐵道便當奢華之最代表。

雖然還無緣品嘗這萬元加賀便當，大友樓還提供相當多平價的選擇，像這款特製牛肉便當便是。和其他牛肉便當不同，並不強調牛肉品種；但是這滷過的牛肉，切面仍是鮮嫩的粉色，加上特製的蒜味醬汁，一入口馬上感受到廚師的功力。再加上大友樓招牌大福甜點，讓這便當依舊表現不凡。

便當❖小檔案

發售店家：大友樓

主要發售站：金澤站

價格：￥1350

蘿蔔乾
雖然是小菜，
但表現不俗。
和菓子
既軟又甜，
非常好吃。
魷魚
魷魚調味和牛肉
非常搭配。
牛肉
口味層次豐富，
無敵下飯。

Chapter 05

各地名產別錯過

多樣的在地特色表現在鐵道便當上，更令人食指大動！除了鹿兒島高品質的黑豬肉便當、出名的比內雞便當，還有札幌三大蟹等海鮮名產，抑或是吃著深川便當體驗東京味，讓旅程變得更加有趣！

在地美饌佳餚一次飽食

融合當地文化食材 讓人難忘

旅遊的樂趣除了遍覽美景，感受歷史文化，嘗盡各地名產也是不可或缺的一環。若到一個新的地方，還不清楚當地名產是什麼，來看看架上熱賣的鐵道便當準沒錯。

日本的鐵道便當系統和台灣不同，是由當站的在地廠商所設計製造出來的便當；不像台鐵一個排骨便當跑全國，所以在地特色就變成鐵道便當很大的重點。除了前面所介紹日本人熱愛的各種牛肉便當以外，還有更多特產，也能在當地的便當中找到它們的身影。

料多實在的山珍海味 讓旅途更美好

鹿兒島最出名的便是高品質的黑豬肉，因此能在這買到黑豬肉角煮便當，類似台灣控肉便當的料理方式讓人相當難忘。雞肉部分則是強調在地地雞，所謂的地雞就類似我們的土雞，各區域不同也有些許的肉質差異。像名古屋出名的雞肉便當，或是在地雞界的超級巨星秋田的比內地雞便當，都是雞肉便當中的佼佼者。

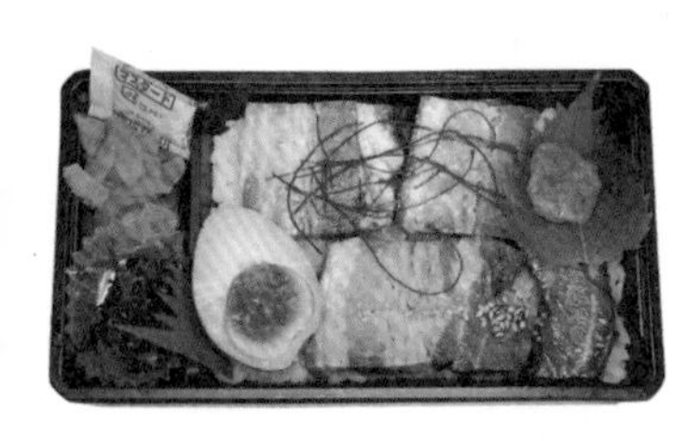

提到在地特產除了以上的肉類，海鮮更是鐵道便當的一個大重點，在函館能買到鋪滿海膽的便當，在洞爺湖有北寄貝專門的便當。到札幌沒時間預約三大蟹吃到飽？沒關係，鐵道便當也讓你能一次吃到三大蟹。提到螃蟹自然也不能錯過長腳蟹的故鄉福井，不管是滿滿的蟹肉飯便當或是做成蟹肉押壽司，絲毫不手軟的用料絕對能滿足遊客想體驗在地名產的心情。

東京最具特色便當 一定要嘗嘗

在地名產除了食材本身以外，有些因為歷史緣由而產生的料理方式，後來變成在地特色料理也是一種。像東京 2 款深川便當便是屬於這類型。

江戶時代時，在現在東京近郊清澄白河這一帶有個深川浦漁場，這漁場貝類的產量非常的大，也因為漁夫工作相當耗費體力，所以在地就發展出一種深川飯的在地特色料理。作法很簡單，就是將大量的貝類加上一點淡味醬油和白飯做成炊飯，搭配一些醃漬醬菜來食用。聽起來平淡無奇，但是這貝類的量真的要吃過才能明白。和如此大量貝類一起炊煮的飯，鮮度簡直破表，相信當時的漁夫每天吃完這碗肯定精力滿滿！所以雖然這深川飯在東京車站不太起眼，但是如果你想體驗東京最具特色的料理便當，深川系列是很不錯的選項。

最後想介紹一個在日本相當有特色的料理方式：各種鬆。台灣有肉鬆、魚鬆，日本不但有這些，常見的還有雞肉鬆、蝦鬆、蛋鬆等，更有一整個便當只鋪了一種食材「鯛魚鬆」。但是這些鬆並不像台灣的鬆炒得那麼乾，日本人是用炒絞肉收乾醬汁的方式來做這些鬆的料理，因為價格相對便宜，且配色美麗又下飯，是個 CP 值很高的便當選擇喔。

中部

純系名古屋雞肉便當

純系名古屋コーチソとりめし

知名節目認證的高人氣滋味

這個便當的來頭可不小，曾經在 2006 年獲得黃金傳說第 10 名，沒錯，就是大家也很愛看的那個日本電視節目《黃金傳說》。

乍看之下會疑惑純系到底是那一系呢？其實這就是名古屋地雞的名稱，全名是「純系名古屋交趾雞」，是日本 3 大地雞之首。名字中的コーチソ，念起來就和中文的公雞一樣，是當初中國傳入時直接音譯而來，所以不是真的只吃公雞，而是他的名字念起來像公雞。

這個便當的外包裝，有點像是葉子交叉的包裝，感覺非常古樸，就連吃起來的味道，也很復古，讓人懷念。甘醇濃厚的照燒雞，配上清淡的類油飯，一度有以為自己在吃滿月油飯的錯覺呢！

發售店家：松浦商店

主要發售站：名古屋站

價格：￥880

照燒雞

吃起來緊實的雞肉，
讓人驚喜。

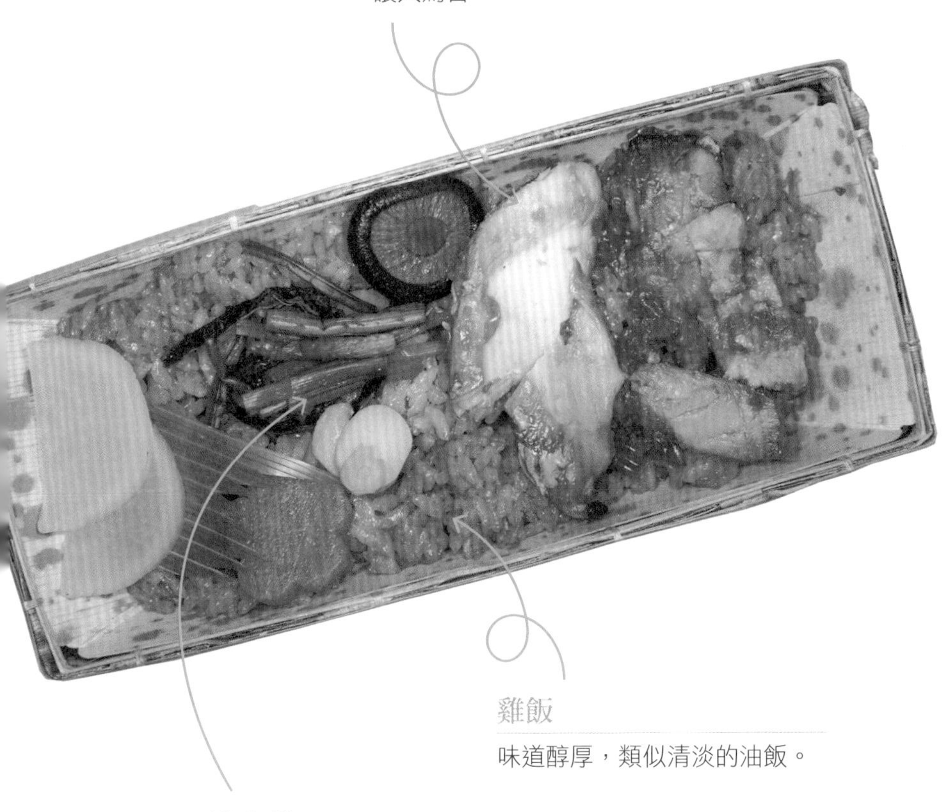

雞飯

味道醇厚，類似清淡的油飯。

滷山菜

味道普通。

關東

深川味便當　深川めし

鹹香道地的漁民料理

這個便當，可以說是百分之百東京味了。現今的清澄白河區，在江戶時期，臨東京灣內的深川浦漁場。這漁場產量最多的就是文蛤花蛤等貝類，所以用大量的蛤蜊做成的漁夫料理就稱作深川飯。因為工作辛苦的原因，需要多配一點飯，所以口味上鹹香多變，超級下飯。

這款深川便當裡有東京灣3種佃煮海鮮，主菜分別有鰻魚3塊，柳葉魚2隻以及一些蛤蜊肉。鰻魚是和台灣蒲燒鰻相當接近的口味，很軟也很有味道，和岡山的夫婦穴子燒比較起來，味道比較濃郁。雖然搭配著柳葉魚和蛤蜊肉，不過吃起來倒像是個鰻魚便當；反而是右邊的配菜很出色，調味沒有那麼鹹，但是非常下飯。

便當❖小檔案

發售店家：日本レストランエンタプライズ

主要發售站：東京站

價格：￥880

蒲燒鰻
充滿甜甜醬香，很好入口。
醬油燒飯
沾了點醬油香氣，還不錯。
蛤蠣肉
雖然小小的，
但很鮮甜。
柳葉魚
有著甜甜的醬油
味，香氣濃郁。
配菜
蘿蔔讓人驚艷，其
他小菜都很下飯。

關東

東京名物深川便當

東京名物深川めし

高 CP 值的在地長銷便當

深川飯是東京特有的鄉土料理，也是日本 5 大名飯之一。這款深川飯便當自從 1987 年販售開始，一直都是東京站的熱銷知名便當。

所謂的深川飯就是使用大量蛤蜊為搭配的炊飯料理，真正的深川飯有分濕的和乾的。濕的是白飯上淋上用味噌調味的蛤蜊湯，吃起來有點像燉飯的感覺；而乾的吃法則是用醬油和蛤蜊一起混合白飯作成的炊飯。但是東京車站裡面幾款深川便當都是採用乾的深川料理方式，如果想體驗濕的深川料理，就得自己走一趟清澄白河才能體驗囉。

這款深川便當不只有蛤蠣，還加上口味清淡的煮穴子與醃漬小茄子等配菜；白飯則是選用炊飯，雖然不是傳統的深川飯，但是美味程度一點也不遜色喔。

發售店家：NRE大增

主要發售站：東京站

價格：￥900

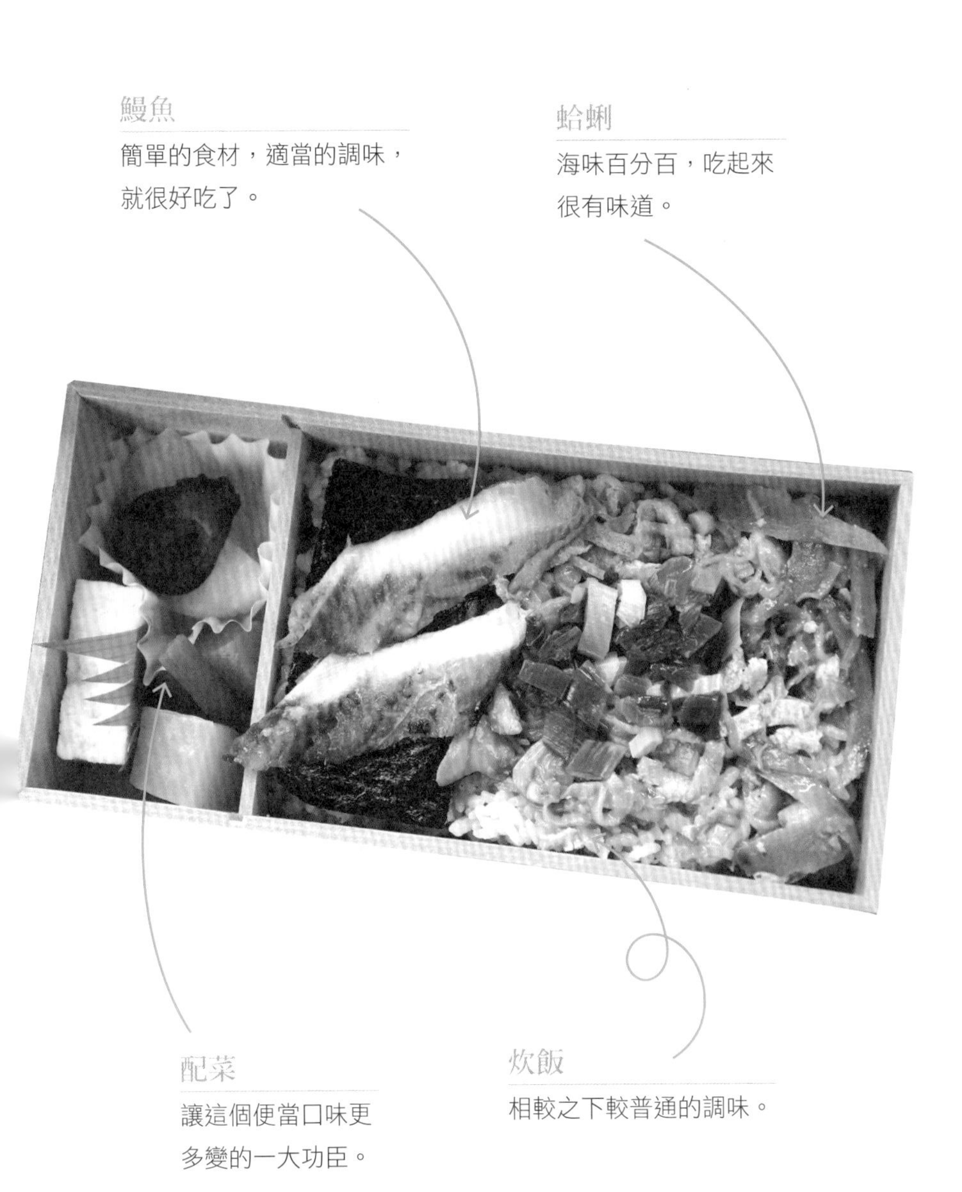
鰻魚
簡單的食材，適當的調味，
就很好吃了。
蛤蜊
海味百分百，吃起來
很有味道。
配菜
讓這個便當口味更
多變的一大功臣。
炊飯
相較之下較普通的調味。

東北

豬牛大戰便當

奧入瀨黑豚VS十和田黑牛対決弁当

黑毛牛與白金豬的美味對決

無法決定今天吃牛肉還豬肉嗎？那就都吃吧！

位在青森和岩手縣交界的十和田湖，是個農業發展相當發達的地區，種植許多高品質的根莖類作物都很出名，尤其蒜頭更是這兒出名的特產。但是除了農產品，豬肉和牛肉也都相當有特色。

這邊的黑豬飼料中添加大蒜，所以又被稱為「奧入瀨大蒜豬肉」，特色為脂肪溶點較低，所以吃起來較不油膩，口感清爽且沒有腥味。「十和田黑牛」則是數量相當稀少的牛種，肉質柔軟而脂肪細緻。

味噌口味的豬肉與壽喜燒風味的牛肉，2 種都是讓人想多扒幾口飯的料理，便當中還附上醬汁，真是恨不得能多碗白飯來搭配啊！

發售店家：吉田屋

主要發售站：盛岡站

價格：￥1100

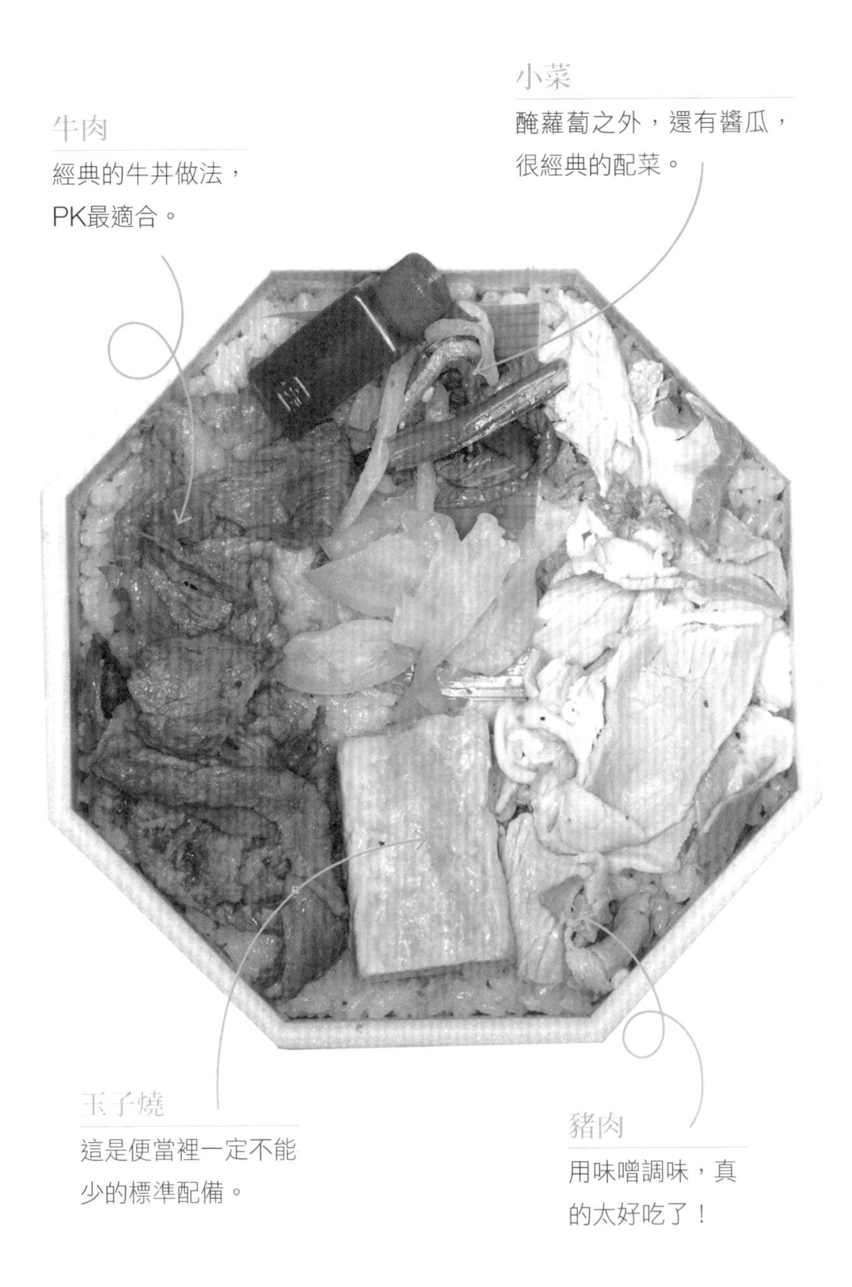
小菜
醃蘿蔔之外，還有醬瓜，
很經典的配菜。
牛肉
經典的牛丼做法，
PK最適合。
玉子燒
這是便當裡一定不能
少的標準配備。
豬肉
用味噌調味，真
的太好吃了！

北海道

海膽鮭魚卵便當

うにいくら弁当

令人銷魂的滿滿海膽

曾經有朋友問我，平平都是馬糞海膽，為何澎湖的海膽吃起來卻和北海道的海膽差異很大呢？因為海膽是雜食性，而我們所吃的海膽是它的生殖器，所以就算同一品種，海膽黃的顏色和味道會因為它所在的環境以及所攝取的食物而有所不同。日本北海道則是世界上公認海膽品質最好的地方，所以來到函館自然要試試這款海膽鮭魚卵便當。

海膽汁炊煮過的白飯鋪上蛋皮絲以及昆布絲，上面再繼續豪邁地鋪上滿滿的海膽以及鮭魚卵，這就是北國人的大氣。

因為鐵道便當需要長時間保存的緣故，無法在便當中放生海膽，清蒸過的海膽的確少了新鮮海膽的奶油濃密口感，但是依舊保持著海膽獨有的濃郁味道。這便當中的海膽都是整塊排列，稍微彌補不是新鮮的缺憾。另外，新鮮的醬油鮭魚卵滑溜多汁，可以個別配飯吃，也可以貪心地一口塞入 2 大頂級海味！

便當❖小檔案

發售店家：御門

主要發售站：函館站

價格：￥1260

海膽

這誘人的海膽，可以再多放一點嗎？

蛋絲

和玉子燒同樣是最佳配角。

海帶絲

在海膽以及鮭魚卵面前，海帶好容易讓人忽略喔。

鮭魚卵

雖然吃得出來不是頂級的魚卵，但很不錯了！

北海道

函館烏賊便當　いかわつぱ

肉質 Q 彈的新鮮海味

位在北海道南部龜田半島上的函館，隔著津輕海峽與青森對望。位在函館灣內，自然海鮮不餘匱乏，其中最主要的漁產就是烏賊了，所以函館又有著「烏賊之都」的美稱。

函館的夜景為日本 3 大夜景之 1，特色是因海灣而形成類似狗骨頭的美麗夜景，但是函館的夜晚除了夜景迷人，海上的夜景也是不遑多讓。在函館每年 6 月開放捕撈烏賊時，掛滿燈具的船夜間拖網，海面上的點點燈火有如星空一樣，也是函館 6 月的獨特海上風光。

這款便當雖然是採取綜合海鮮的形式，但是便當中的主角烏賊果然不負烏賊之都的美名，不但美味，口感更是吃得出來非常新鮮，其他配菜也有水準表現，是個相當中規中矩的便當。

便當❖小檔案

發售店家：函館

主要發售站：函館站

價格：￥950

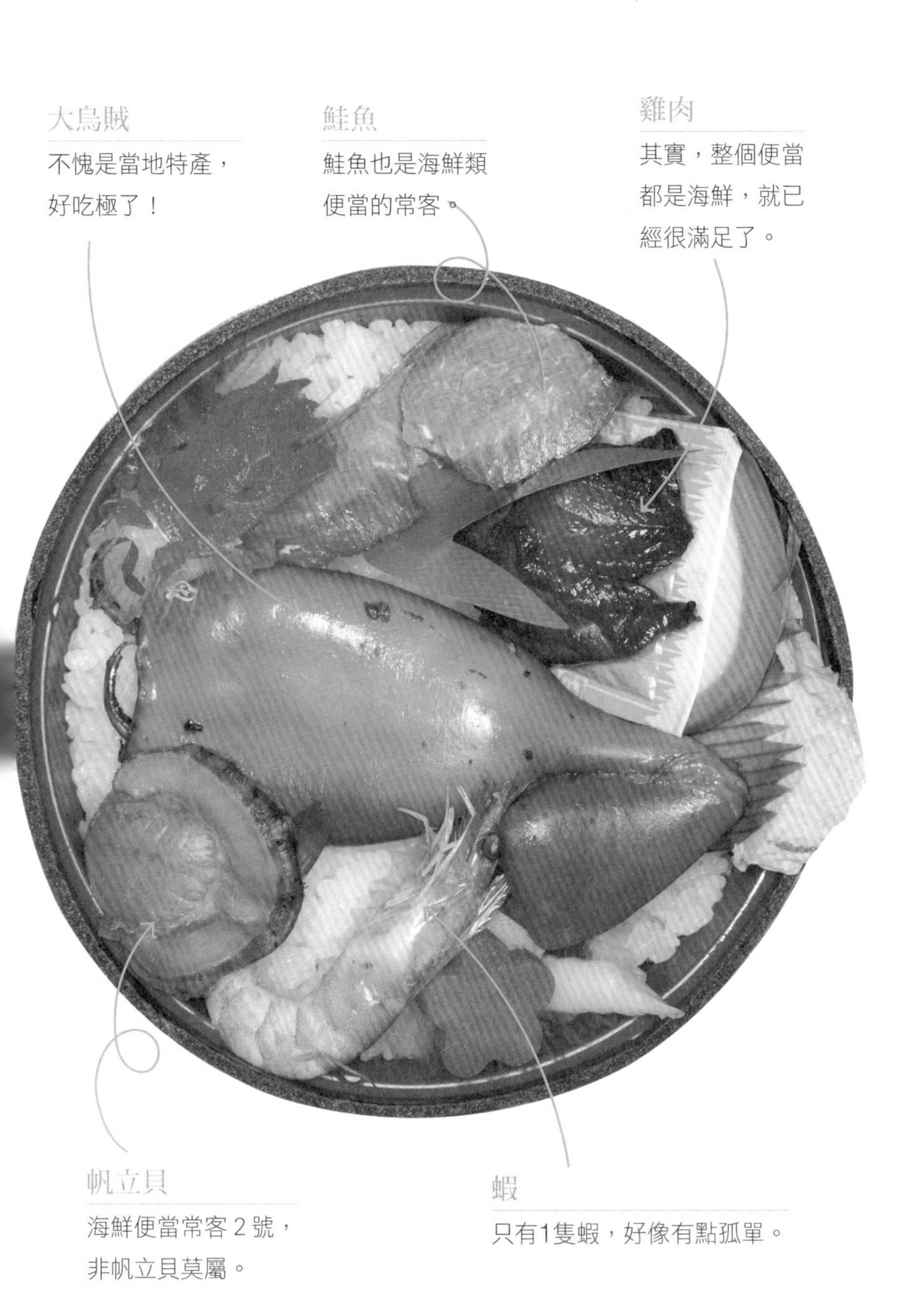
大烏賊
不愧是當地特產，
好吃極了！
鮭魚
鮭魚也是海鮮類
便當的常客。
雞肉
其實，整個便當
都是海鮮，就已
經很滿足了。
帆立貝
海鮮便當常客 2 號，
非帆立貝莫屬。
蝦
只有1隻蝦，好像有點孤單。

中國、四國

岡山地雞便當 いいとこ雞弁当

吃得到各式雞肉料理

在日本隨處可見的地雞簡單來說就是台灣土雞的意思，但是日本農林水產省對於這 2 個字可是有明確的規定喔。其中明訂基因中 50% 需來自日本在來種，出生 28 天後以每平方公尺不超過 10 隻，且採用放養方式飼養達 75 天以上的雞，才能被稱為地雞。這樣嚴格的規定也有相當的回報，不但被聯合國教科文組織定義為世界非物質文化遺產，更是被視為美味的保證。

這款雞肉便當，使用了岡山地雞與備中森林雞 2 種雞肉，然後再分別做成 4 種雞肉料理，分別有鹽燒、清蒸、照燒以及常見的雞唐揚。照燒雞和清蒸雞肉因為都是使用腿肉，有不錯表現，唯獨鹽燒的太乾，令人失望；下面鋪的是茶漬飯，是款能滿足雞肉愛好者的便當。

發售店家：三好野本店

主要發售站：岡山站

價格：￥950

雞肉照燒
照燒醬讓雞腿肉更多汁。
蒸雞肉
吃得到腿肉的Q彈。
鹽燒雞
比較可惜的是，
稍微太乾了點。
炸雞
雞唐揚不柴，很好吃。

中國、四國

瀨戶海海老鯛魚便當

瀬戸内の海老と鯛そぼろ弁当

美味魚蝦用料不手軟

瀨戶內海的鯛魚產量全日本第一，愛媛縣更訂鯛魚為縣魚，所以在瀨戶內海的四周城市都能看到不少鯛魚的料理。

會選這便當來吃，一開始是被它的外貌所吸引。用鯛魚鬆和蝦鬆2種顏色漂亮的食材各半地鋪滿滿的一層，完全看不到下面的白飯；再從便當盒的對角線上，放上3塊方形的玉子燒，黃色加上粉色，真的是很美麗的搭配。

但是如果你以為，這個便當就是這樣，那真的就是太「以貌取便當」了，這個便當也是挺有內涵的，因為鋪在鯛魚鬆和蝦鬆底下的飯，是雙層的，不只是平淡無奇的一盒白飯，還混搭了一些茶漬的瓜類和海苔，是一個有外表也有內涵的便當呢！

發售店家：廣島車站便當

主要發售站：廣島站

價格：￥1100

燒玉子

通常是配角的玉子燒，現在可是點綴便當的大將。

蝦鬆

蝦子的鮮甜，在咀嚼中散發出來。

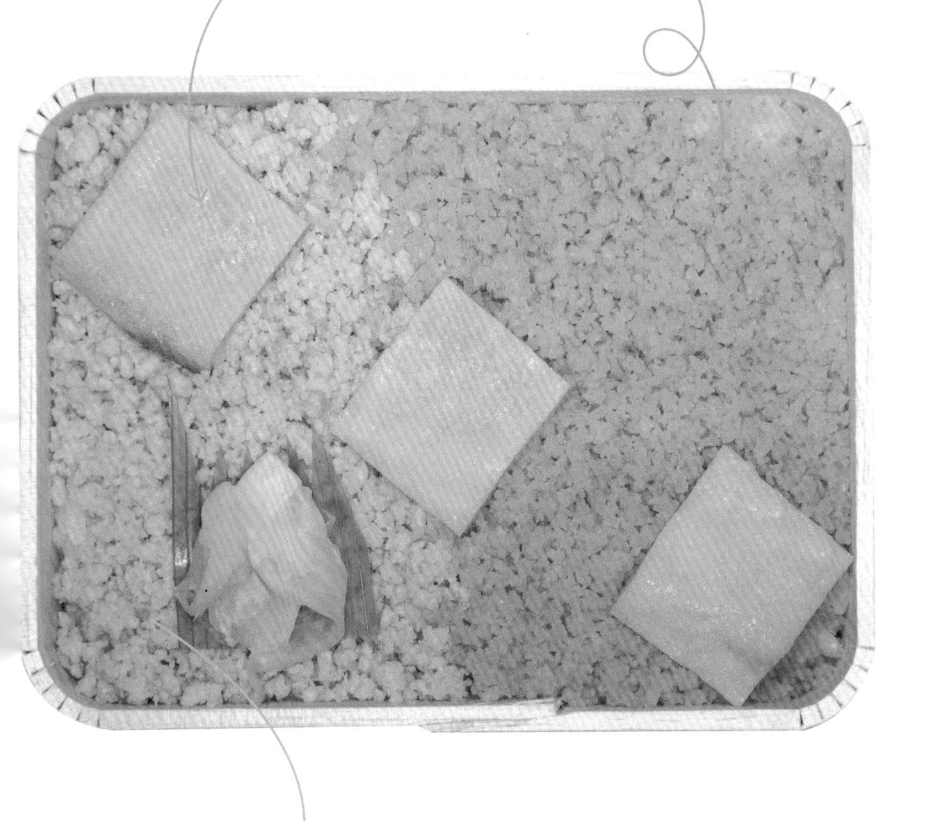

鯛魚鬆

沒有炒的太乾，保留魚的美味。

中部

元祖螃蟹壽司便當

元祖 かに寿し

蘊含滿滿心意的特色紅礎蟹

吃完福井的螃蟹便當，鳥取也不甘示弱地表示：「我們才是第一個推出螃蟹的！」

鳥取是紅礎蟹的最大產地，這款便當自 1952 年開始銷售，原本是冬季限定便當；後來研發出夏季也能保鮮的技術，成為第一個全年皆能銷售的蟹肉壽司便當，一賣超過 50 年。

醋飯上鋪滿稍微汆燙過的蟹肉絲，加上蛋皮絲以及整條蟹腿肉，讓喜愛螃蟹的人從第一口到最後一口都能有蟹肉做伴。

除了蟹肉保鮮的努力，在包裝上也能見到不少巧思。八角形的外盒是仿照螃蟹殼的形狀，外包裝的紙盒背面印上鳥取沙丘的周邊景點，還有老闆的話語，告訴你便當的由來，以及希望能進一步介紹鳥取這地方。所以在日本吃完便當別急急忙忙把盒子給隨手丟了，有時連紙盒也蘊含製作者的心意喔。

便當❖小檔案

發售店家：アベ鳥取堂

主要發售站：鳥取站

價格：￥1080

蟹肉絲、蛋皮絲

不但味道搭配的好，顏色也相得益彰。

特製醬瓜

日本便當裡似乎都不能沒有這些小配角。

蟹肉條

一整條完整取下的蟹肉條，吃起來好輕鬆。

九州

黑豬角煮便當

鹿兒島黑豚角煮弁当

超入味豬肉冷了也好吃

一到鹿兒島，就會看到四周不停的出現「黑豚」、「極黑豚」的字樣，還需要考慮來到鹿兒島要吃什麼便當嗎？

鹿兒島的黑豬是以沖繩黑豬再經過配種改良而成，屬於中型豬。最大特色是以薩摩紅薯為飼料，經過 8 ～ 9 個月的飼養，肉質鮮嫩、口感細膩，肉質中帶有許多中性糖，所以入口後會有絲絲甜味。

這款鹿兒島黑豚便當有著長方形的便當外型，裡頭裝著大塊的豬肉，以及幾項配菜，角落的半熟蛋看起來頗吸引人。不覺得看起來有點像是台灣常見的控肉便當嗎？但如果說要和控肉便當來比較，這個便當的肉看起來肥，吃起來卻不油膩，入口還真的帶有淡淡甜味。而且，如果在台灣要我吃冷的控肉，簡直無法想像；但是，在鹿兒島，我吃到了一個冷的控肉便當，而且好好吃！

便當❖小檔案

發售店家：萬來

主要發售站：鹿兒島中央站

價格：￥1050

鹿兒島黑豬肉

雖然是肥肉，但卻不油膩，越吃越香。

半熟蛋

也吃得到醬香的半熟蛋，太迷人了。

北海道

三大蟹比較便當

三大蟹味くらべ弁当

滿足旅人味蕾的蟹味組合

札幌什麼吃到飽最有名？應該很多人不假思索就能說出三大蟹吃到飽吧！畢竟北海道最出名的海鮮便是螃蟹。來到札幌，自然不能錯過這大吃特吃螃蟹的機會。

三大蟹比較便當便是為了滿足遊客的渴望而誕生。這款便當裡不只有滿滿的蟹肉，而是讓你一次品嘗北海道帝王蟹、松葉蟹、毛蟹等 3 種完全不同口感的組合。而這貼心及高 CP 值的設定自然讓這款便當成為札幌站熱銷商品之一。

從右邊開始分別是帝王蟹、松葉蟹和毛蟹。在昆布風味的白飯上先鋪上一層蟹肉後，再加上一整塊蟹腿肉。何必去蟹肉吃到飽，入手一個鐵道便當就能一餐吃 3 種螃蟹。邊吃邊比較一下，感受一下自己最喜歡哪種螃蟹！（有人想知道我最愛哪一種嗎？）

便當小檔案

發售店家：弁菜亭

主要發售站：札幌站

價格：￥1250

毛蟹區

肉質結實且鮮嫩。

帝王蟹區

碩大肥美的蟹肉，
吃得好滿足！

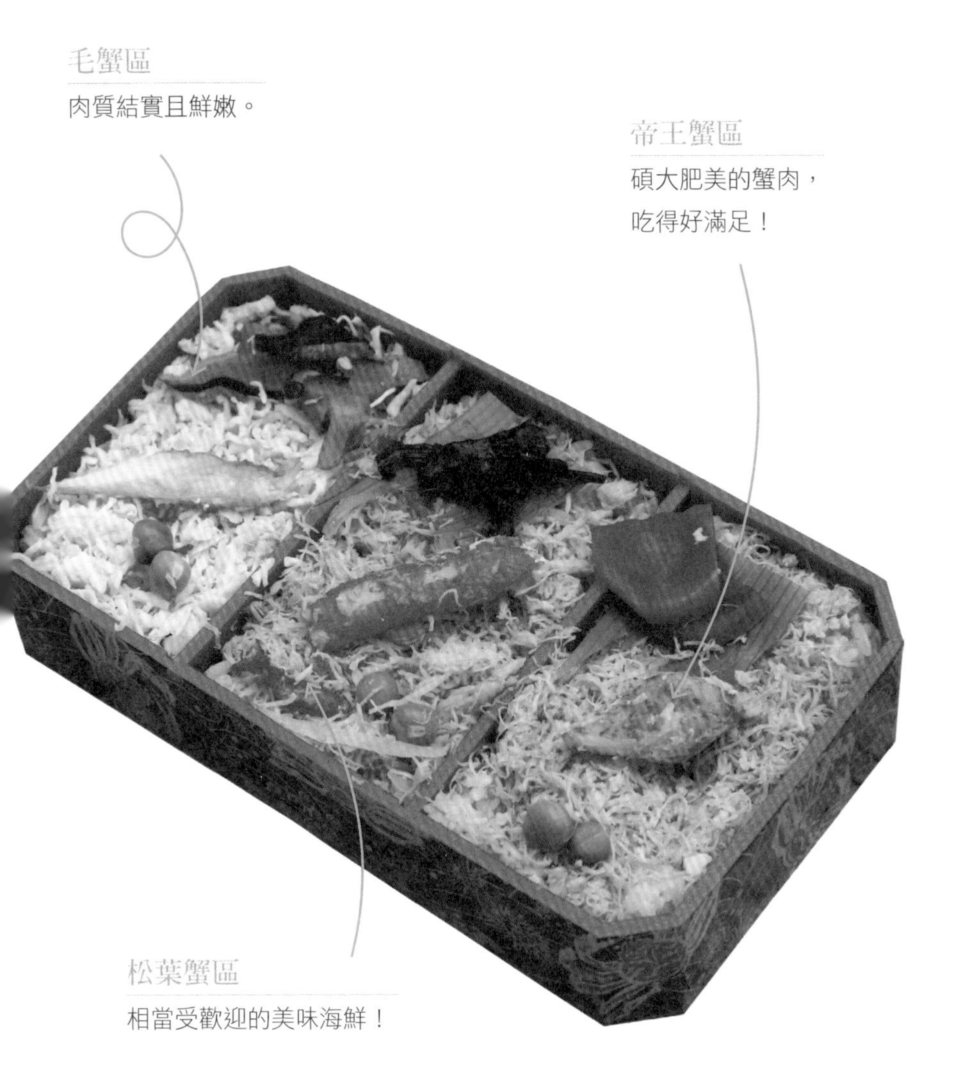

松葉蟹區

相當受歡迎的美味海鮮！

東北

比內地雞便當

秋田比内地雞こだわり雞めし

大受好評的扎實雞肉一定要吃

標榜 100% 使用秋田比內地雞，是這便當的最大特色。雖然只有薄薄幾片比內地雞，但是一入口便能明白為何這比內地雞如此出名。這雞肉緊實卻不難咬，冷著連皮吃也不覺油膩。除了整塊雞肉，下面鋪滿了雞肉鬆以及蛋鬆，最上面還附上 2 顆雞肉丸，1 種雞肉、3 種料理方式，讓人可以嘗到比內地雞不同的料理方式。

除了比內地雞本身是賣點，這家製造商關根屋也是秋田站的命運共同體。關根屋創立於秋田站開站之時，原本在站前的一間旅館，後來因為料理受到好評，開始做方便旅客攜帶上火車的便當。無心插柳柳成蔭，現在變成專賣鐵道便當的店家。而這和秋田站共存的百年以來，推出過各式各樣的便當，是秋田站的旅客們共同的回憶。

發售店家：關根屋

主要發售站：秋田站

價格：￥1000

雞肉丸

雞肉做成的丸子，在居酒屋可是很受歡迎的下酒菜喔！

雞肉鬆

可以讓你配飯吃。

比內地雞

雖然片數不多，但是口感和味道真的好棒。

水雲菜

很獨特的一種青菜，口感相當特殊，在鐵道便當裡很少吃到。

九州

櫻島灰乾製便當

櫻島灰干し弁当

特殊製法打造的山海美食

鹿兒島最出名的景點莫過於櫻島火山，這是一座相當活潑的火山，每隔幾年總會聽到又噴發的新聞；而每次噴發過後，最讓當地人苦惱的便是整座城市籠蓋上一層厚厚的火山灰。

危機就是轉機，那就用這櫻島火山灰來製作鐵道便當吧！

當然不可能直接吃灰，畢竟不是每個人都能接受吃香灰這一套，更何況是火山灰。但是鹿兒島的廚師利用富含礦物質的火山灰加上乾製法，來做出類似一夜干的魚作為便當的主角；但是每個配角也都相當搶眼，有鹿兒島特產黑豬肉、柚子胡椒口味的櫻島雞、玉子燒及數樣在地野菜，最後不忘日本飲食文化代表梅干一顆。讓這顆便當成了鹿兒島觀光大使，帶遊客一覽鹿兒島山海美食，體驗櫻島火山帶來的美好禮物。

便當❖小檔案

發售店家：樹樂

主要發售站：鹿兒島中央站

價格：￥750

鯖魚

以灰乾製法而成，吃起來類似一夜干的味道。

玉子燒

還特別強調是料理人特別製作喔！

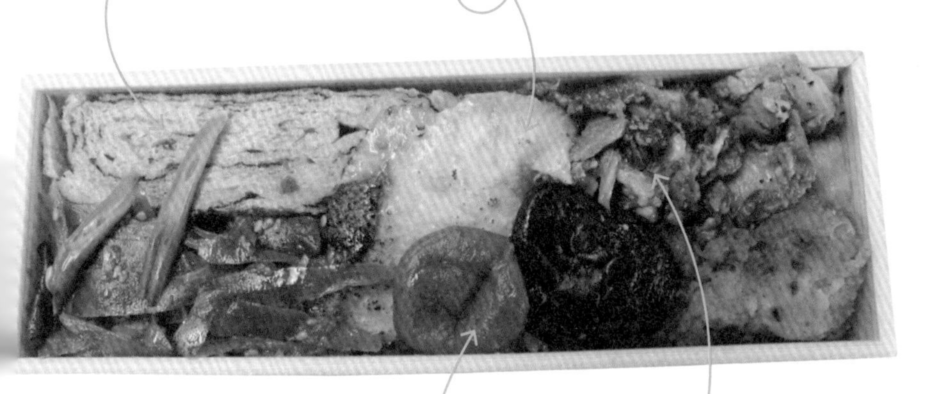

雞肉

柚子胡椒風味燒雞肉，很獨特的口味。

梅子

大大的梅子，也是日本飲食文化的一環。

北海道

北寄貝便當　洞爺のホッキめし

食指大動的超豪邁貝類大餐

北海道不是只有螃蟹和鮭魚，靠近洞爺湖這有個噴火灣，是北海道首屈一指的北寄貝漁場。在洞爺湖，自然不能錯過這款北寄貝便當。

北寄貝外觀很像蛤蜊，只是大約放大 20 倍，成人手掌都無法單手掌握。生長於寒冷的海域中，紅色的外型相當顯眼容易辨識；肉質肥美而爽脆，一直以來都是日本人熱愛的貝類之一。

金黃色的蛋絲上面豪邁地放上 2 種貝類——北寄貝和帆立貝，鮮嫩的帆立貝與脆口的北寄貝都讓人食指大動。而蛋絲下原本以為是白飯，仔細品嘗卻發現是混入碎貝的炊飯，果真是熱愛貝類的一品便當。旁邊的配菜除了一般常見的漬菜，還有洞爺湖特產的白花豆，燉煮過的風味搭配白花豆獨特口感，是這款北寄貝便當中的小驚喜。

發售店家：洞爺車站商會

主要發售站：洞爺湖站

價格：￥1050

北寄貝

大顆的北寄貝口感非常脆，超好吃的。

帆立貝

好多顆帆立貝份量十足，
味道非常鮮甜好吃。

白花豆

燉煮的白花豆，是洞
爺湖這邊特色喔！

燒鯖魚便當 燒さば壽司

人氣燒烤口感，值得一試

這個人氣便當，價格不算最便宜，也無歷史背景的資料可以參考，到底人氣指數這麼高的原因為何？沒關係！吃了就知道！雖然外表長得像押壽司，但是和傳統的押壽司比較起來，還是不太一樣，因為魚和飯的中間還夾著香菇和薑片，增添風味和口感，反而比較像是烤魚飯呢！

不過，日本人烤魚的技術真的是一流，該有的口感與味道一點也沒有因為是便當而打折。所以，就算只是把這個便當當作烤魚飯，也是很值得一試。

押壽司又被稱為箱壽司，意思就是將飯和醃漬過的魚肉放入箱中，再以重物壓下而成。此料理源自大阪，所以是關西流的壽司。時至今日自然已沒有分關東握壽司、關西押壽司，但是，的確在大阪站能看到較多的押壽司，口味也相當多元。喜愛押壽司的朋友可以到新大阪站來大快朵頤一番。

燒鯖魚

吃得到魚肉燒烤的
香氣，太厲害了！

香菇

增加風味， 功不可沒。

白飯

跟鯖魚很速配。

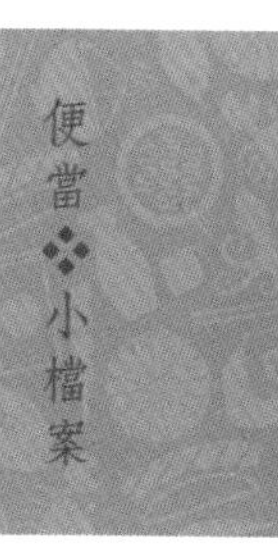

發售店家：新大阪

主要發售站：新大阪站

價格：￥1000

Chapter 06

不只有冷冷的便當

你知道日本鐵道便當也有熱的嗎？像是知名的仙台網燒牛舌便當、用陶壺材質保溫的便當，抑或是燒賣、蛋包飯等。許多貼心的便當設計，讓人可以在日本冷冷的天氣裡吃上熱呼呼的便當，動人的滋味實在難以抗拒。

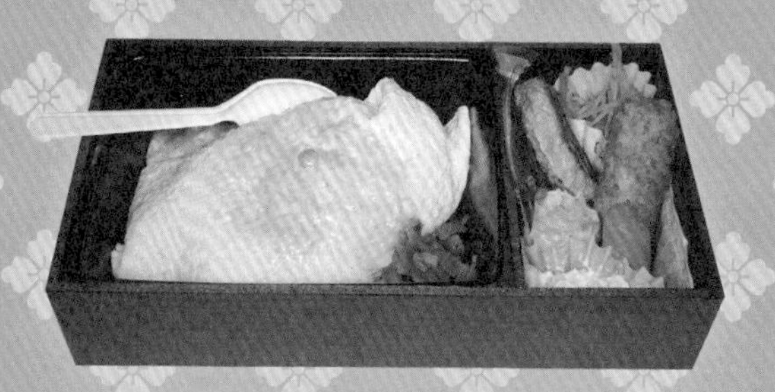

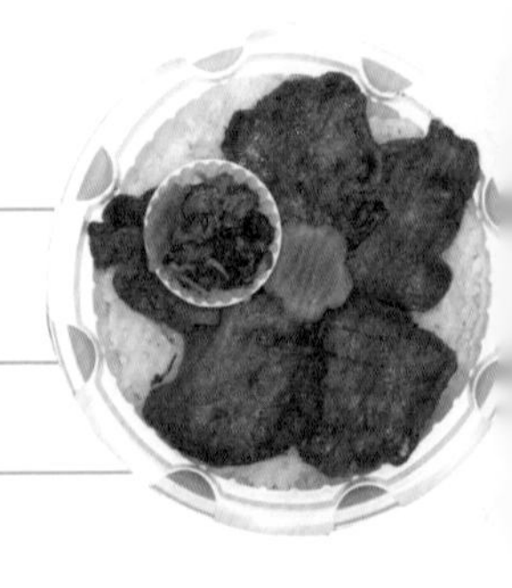

大受歡迎的暖胃便當

加熱後的風味更好吃

看到棉線勇敢地拉下去，稍等一會兒就能聽到滋滋作響的聲音，接著便當冒出煙來，耳朵眼睛享受完就該輪到鼻子上工了。陣陣的食物香氣撲鼻而來，別懷疑，這也是日本的知名鐵道便當 —— 仙台網燒牛舌便當。一講到加熱便當，自然不能不提到仙台的牛舌便當。這一款便當長年以來都是熱銷商品之一，因為日本的天氣偏冷，吃久了涼涼的便當，當有了熱騰騰的選項，自然讓人很難抗拒。

但你知道日本人為什麼都吃冷的便當嗎？其實這也是日本文化中一種「溫柔」的表現。日本是個擁擠的國度，不管是在火車或是電車上，總是充斥著許多人。如果享用熱的便當，難免會散發出食物的香氣來，影響到旁邊沒有吃東西的人，所以日本的鐵道便當絕大多數都會是冷的便當。

便當的高水準肉質 彷彿在店內用餐

但是仙台的牛舌便當卻是一大例外，因為牛舌冷熱的風味落差太大，所以仙台牛舌鐵道便當是日本最為知名的加熱便當。本書列出來的這款網燒牛舌便當，是仙台牛舌便當中銷量最高的，只要1,080 日幣就可以享用到熱騰騰的烤牛舌。如果預算比較高的朋友，其實在仙台車站還有另外 2 家牛舌名店同樣有推出加熱牛舌便當。雖然喜助牛舌老店價格稍高，牛舌切片比店內稍薄，但是在仙台站可是人氣第一；另外一款是台灣朋友比較熟悉的利久牛舌，厚切的牛舌和店內幾乎無差異，不想在利久店外苦苦等待，來買這款鐵道便當也能有同樣享受喔。

高保溫的陶罐 要預約才有得吃

這款便當多用陶甕盛裝，像當初為了紀念明石海岸大橋落成，淡路屋所推出的明石章魚便當。這款便當剛推出時相當受歡迎，沒預訂可是吃不到的，且只在關西的幾個主要大站才有販售。現在已經是銷售超過 20 年的熱賣便當，除了可愛的陶壺外型，食材豐富味道也絕佳，是要跨足鐵道便當不可錯過的一款。

另外不能不提到另外一款已經長銷 60 年的橫川站的峠の釜めし。這款外型和前面提及的章魚陶甕很像，但是當初設計的概念可是完全不同。章魚便當設計的陶罐是模擬補章魚所用的硝壺，而這釜便當則是煮飯的器具，兩者唯一相同的便是都具備簡單保溫的效果，所以這 2 款便當吃的時候都是溫熱的口感喔。

最後推薦幾款比較特殊的便當，首先是橫濱崎陽軒最有名的燒賣便當，冷時吃口感 QQ 的，但加熱後內餡更美味。廣島出名的豬排三明治，稍微加熱後美味還能再升級一層。

不管是冷便當或是熱便當，不變的是日本人對鐵道便當的熱愛。

中部

燒賣便當　しゆらまい

熱騰騰的舊時代便當

燒賣！對來自台灣的我，是再熟悉不過的食物了。吃燒賣的經驗多半是在熱鬧喧騰的港式餐廳裡，服務生端著還冒著煙的蒸籠上桌，一打開蓋子，熱騰騰的燒賣一口一個，口中有皮的香氣，內餡的鮮甜，很是過癮。但是，其實從來也沒有想過，便當裡出現的燒賣會是什麼情況。

一打開盒子，有 11 顆燒賣躺在便當盒裡，看起來有點孤零零的，如果可以多塞個幾顆，看起來擠一點，其實應該會更讓人食指大動呢！不過，這看似熟悉的燒賣一口咬下，卻讓人愣了一下，內餡的口感和味道和我們所熟悉的完全不同。日本燒賣的味道較淡，而且裡面不是純肉，有加了粉的感覺，吃起來竟然有著像貢丸的感受。實在是不太習慣日本的燒賣啊！

便當❖小檔案

發售店家：東海軒

主要發售站：靜岡站

價格：￥420

醬油／黃芥末

附上的2款醬料，可隨個人喜好添加。

燒賣

肉的口感沒有太讓人驚艷。

中部

橫濱蛋包飯便當 橫濱オムライス

經典蛋包飯也能做成便當

橫濱是第一波鎖國後開放的港口城市，二戰後又有美軍駐守，所以橫濱最出名的料理就是中華及洋食料理。除了咖哩、義大利麵，橫濱蛋包飯也是橫濱不能錯過的美食之一。

這款蛋包飯便當一打開讓人有點意外，蛋皮看起來相當 Juicy，上面還有一層起司醬汁，光用看的就能感覺蛋皮的滑順感。再加上附的紅酒醬汁以及蛋皮內包的番茄炒飯，吃起來竟然不會因為是冷的便當而有違和感。旁邊的配菜有玉米粒沙拉、薯餅、漢堡肉以及一些涼拌菜，全都是小孩愛吃的；再加上蛋包飯本身的吸引力，我想這應該是孩子們心目中的第一名便當吧！

發售店家：新橫濱站

主要發售站：橫濱站

價格：￥750

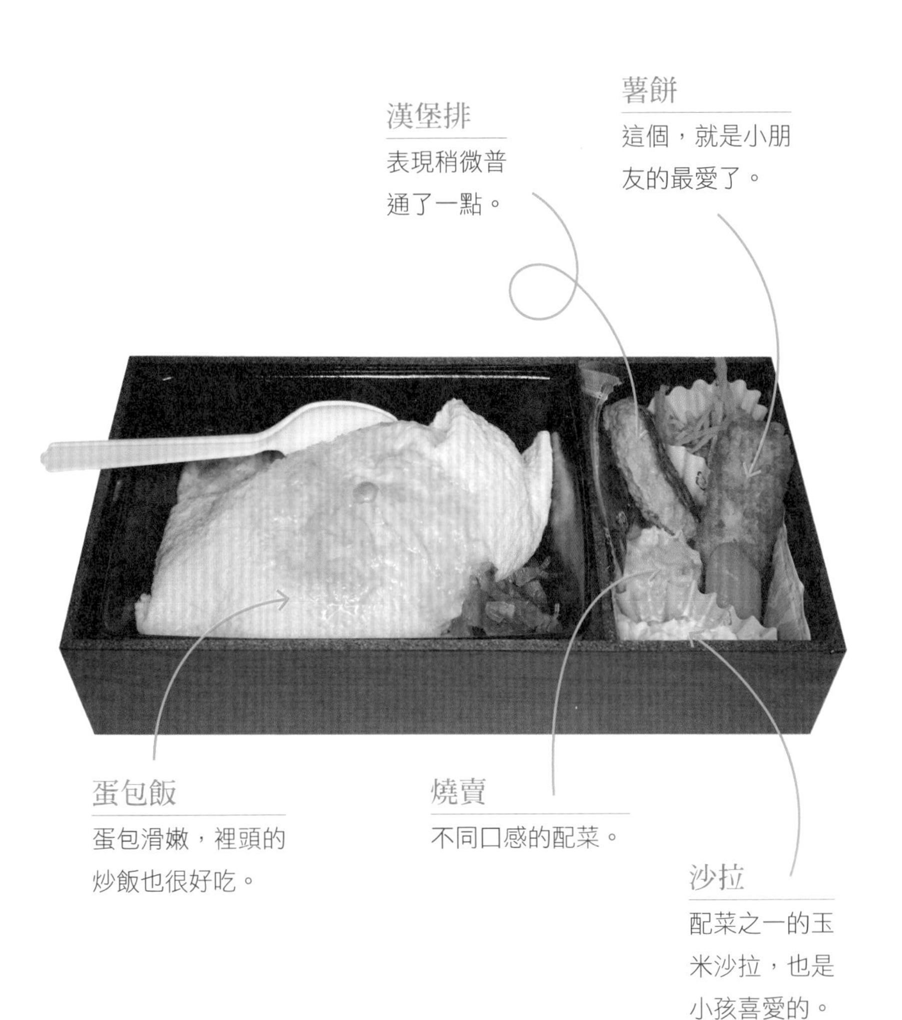
薯餅
這個，就是小朋友的最愛了。
漢堡排
表現稍微普通了一點。
蛋包飯
蛋包滑嫩，裡頭的炒飯也很好吃。
燒賣
不同口感的配菜。
沙拉
配菜之一的玉米沙拉，也是小孩喜愛的。

關東

炸蝦天婦羅便當

海老と野菜の天重

炸物技術超高超

你知道「天婦羅」在關東和關西有著不同的解釋嗎？在關東，天婦羅指的是用海鮮或是蔬菜外裹麵衣油炸的食物；但是在關西一些魚漿製品也被稱作天婦羅（簡單來説就是台灣的甜不辣），所以在關東吃所謂的天丼是不會吃到魚漿製品的喔。

炸物在鐵道便當裡面不算常見的類別，且炸物通常都以炸豬排系列為主，所以炸蝦便當相對少見。但是在嘗試過冷控肉飯、冷蛋包飯、冷燒賣之後看到這款冷炸蝦飯，讓人忍不住要入手來試試。

一打開便當盒，裡面有 3 隻頂天立地的蝦子，幾乎占滿了整個便當盒子，還看見茄子、糯米椒以及地瓜的野菜天婦羅，看起來相當豐富。讓人驚訝的是，炸物的表現非常好，沒有因為冷掉而走樣，這又是一個讓我對日本人做便當的技術感到佩服的一刻。

發售店家：東京

主要發售站：東京站

價格：￥880

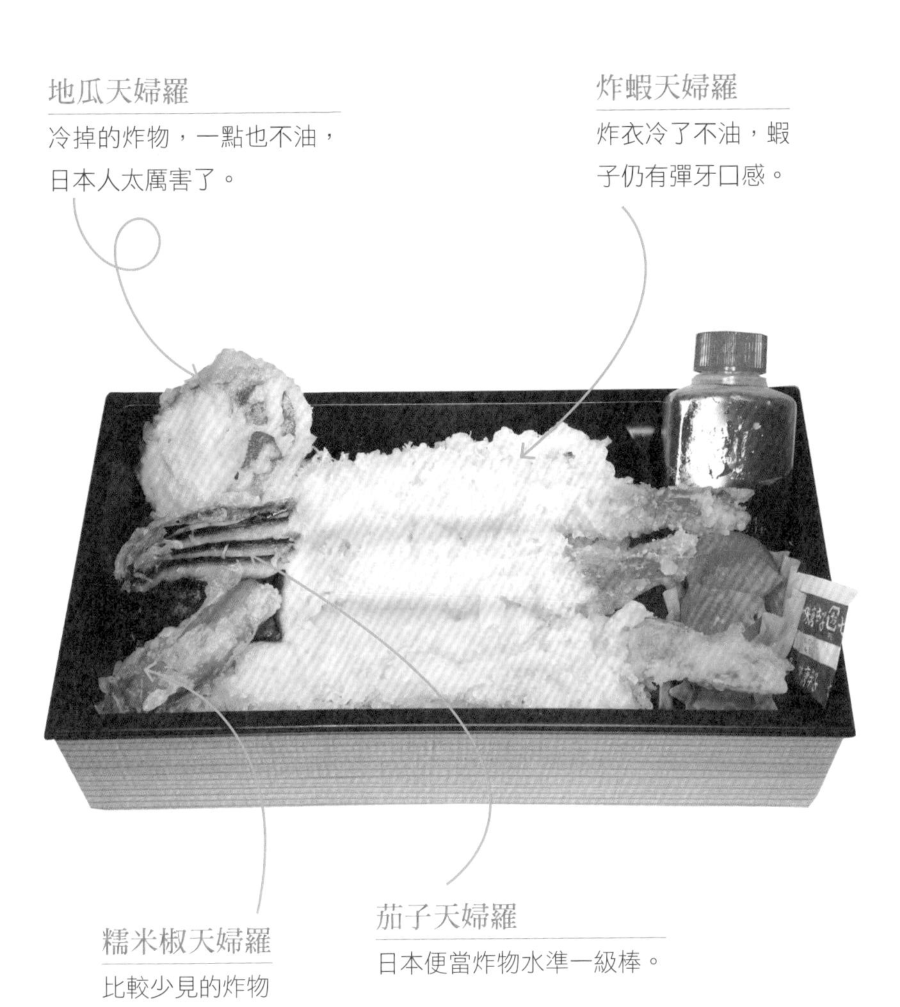
地瓜天婦羅
冷掉的炸物，一點也不油，日本人太厲害了。
炸蝦天婦羅
炸衣冷了不油，蝦子仍有彈牙口感。
糯米椒天婦羅
比較少見的炸物，口感不錯。
茄子天婦羅
日本便當炸物水準一級棒。

中部

炒飯燒賣便當 橫濱チヤーハン

炒飯＋燒賣的神奇組合

橫濱是全日本最熱愛燒賣的城市，崎陽軒又是橫濱市中最具代表性的中華料理店，現在不止橫濱，全日本都能看到崎陽軒賣燒賣的身影。

回顧崎陽軒的歷史，要追溯到一個世紀前，其實一開始他們並不是販賣燒賣的店，而是在橫濱車站內，以販賣清涼飲料和糕餅類起家。後來為了想製作橫濱的名產，就以當地的中華街為發想，和點心專家共同研發出燒賣，並且請來穿著紅色制服的「燒賣女孩」在月台販賣，而逐漸打開全國知名度。

這個便當是崎陽軒集合旗下 2 大招牌名物——炒飯和燒賣，所推出的便當。一邊是滿滿的蝦仁蛋炒飯，另一邊有 2 顆小小的燒賣，一點配菜，再加上重口味的辣雞肉。不管是看起來或吃起來滿足感都很高，這可是賣了超過半世紀的知名便當喔！

便當❖小檔案

發售店家：崎陽軒

主要發售站：橫濱站

價格：￥580

蝦仁蛋炒飯

粒粒分明，吃起來
非常舒服。

燒賣

口感不太習慣，但說
不定你會喜歡。

竹筍

配菜普普通通啦。

辣雞肉

非常重口味，別小
看這個配菜。

關東

釜便當 宮の釜めし

小鍋造型引人注目

初見這款便當直覺好像橫川站的峠の釜めし，但是一拿在手上就知道完全是兩件事。

這款便當造型同樣以「釜」為外盒，但是材質卻是塑膠，不但拿起來輕很多，保溫效果也差上一截；接著比較內容物，絕大部分的食材配置也雷同，唯獨鳥蛋被換成了栗子，但是吃起來味道卻差了一截。如果不是他們長得如此相似，也不會讓人直覺拿來比較，但是這款不管外型和內容物都「貌似」的便當，實在是讓我心裡一直浮現「山寨版」這幾字。

這便當最具原創性的就是在便當上方的包裝紙，印上了宇都宮是鐵道便當發源地，以及日光東照宮陽明門等壢木縣知名景點。也許這款便當還背負著壢木觀光大使的使命，不管是便當或是歷史還是景點，提醒大家那些屬於壢木縣的美好。

便當❖小檔案

發售店家：松迺家

主要發售站：東武日光站

價格：￥800

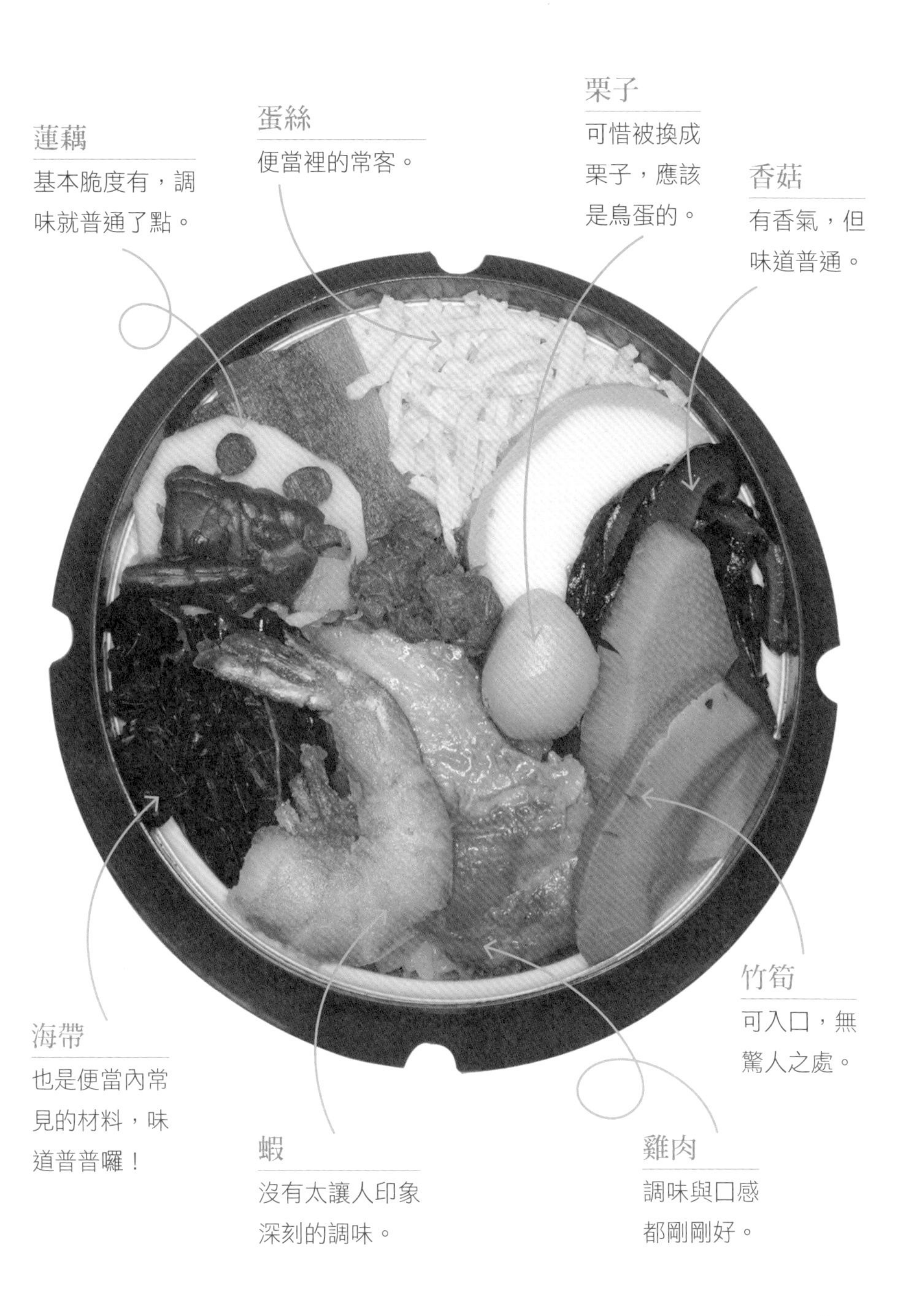
蓮藕
基本脆度有，調
味就普通了點。
蛋絲
便當裡的常客。
栗子
可惜被換成
栗子，應該
是鳥蛋的。
香菇
有香氣，但
味道普通。
海帶
也是便當內常
見的材料，味
道普普囉！
蝦
沒有太讓人印象
深刻的調味。
雞肉
調味與口感
都剛剛好。
竹筍
可入口，無
驚人之處。

東北

牛舌便當 網燒き牛たん弁當

嘗嘗牛舌加熱後的銷魂美味

一提到仙台名產，腦海中應該馬上跳出牛舌吧！但是為何仙台會發現牛舌的美味，背後卻是一段心酸的故事。

當時二戰結束，美軍在仙台設立基地，其牛肉需求量忽然大增，導致本地人很難得吃到牛肉。但是美國人因為不吃內臟，所以都將牛舌丟棄，這時有個燒烤店老闆便決定研發牛舌的料理。終於在1950年研究出燒烤牛舌並加入菜單，後來在他店裡的一名員工出來創立「喜助」這家牛舌專賣店，從此之後開啟仙台的牛舌戰國時期。到現在只要提到牛舌就會想到仙台，各家連鎖店各有特色，也將這美味傳遍日本。

仙台站裡有為數不少的牛舌便當選擇，有各名店推出的，或是厚切或是薄片，這個便當則是賣得最好也是第一個加熱型牛舌便當，熱熱的炭燒牛舌搭配下面麥飯，真的是來仙台不能錯過的一款便當。

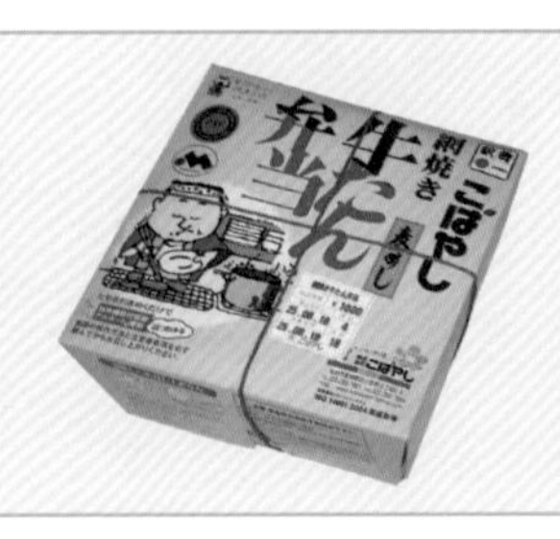

發售店家：仙台站

主要發售站：仙台站

價格：￥1000

蘿蔔與配菜
牛舌太銷魂，完全忘了
配菜的滋味了！
牛舌
又軟嫩又脆的牛舌。
麥飯
牛舌便當的另一大特色，
就是搭配美味的麥飯。

關西

明石章魚便當 ひっぽりだこ飯

來頭不小的便當明星

這個便當不只造型讓人過目難忘，本身也是很有來頭，是帶有紀念意義的一款便當。平成10年4月5日，明石海峽大橋開通的同時所推出的紀念便當！至今仍是日本人心目中幾個知名便當之一。這個像甕的盛裝容器也別具意義，是模仿漁民捕捉章魚的器具「蛸壺」而設計；因此，看起來就像是裡頭裝了滿滿的海味呢！

看見便當內的章魚腳，就已經讓人食指大動了；搭配的飯粒、配菜，也都不會讓人失望，讓人每吃一口就會展開笑容。因為章魚的鮮，配菜調味的講究，還有米粒的味道和口感，讓人不得不打從心裡讚嘆：果然是名不虛傳的必吃便當！從主食到配菜風味完美，就算涼了也無損美味。

最近同款便當還推出了與伊右衛門合作的抹茶口味章魚飯便當，陶甕也同步改成抹茶綠，有興趣的朋友可以試試喔。

便當❖小檔案

發售店家：淡路屋

主要發售站：新神戶站

價格：¥980

章魚腳
沒想到在便當裡並不會軟爛，很有嚼勁。
米飯
口感很不錯喔!
錦系卵
很入味。
鰻魚
一小塊鰻魚，增加了整體的味道。
筍子
同樣佃煮的筍子，不錯。

關西

神戸牛排加熱便當

神戸のステーキ弁当

一拉細線就能加熱

淡路屋這 3 個字相信許多台灣朋友都不陌生，常往來大阪神戶等站的朋友一定看過。在大阪一帶淡路屋賣便當的店陣仗相當驚人，種類和數量同樣讓人眼花撩亂，人潮更是不斷，且一個站裡面不只一間賣店販售，堪稱關西便當界的大哥。

淡路屋成立於 1903 年，當時 JR 福知山縣開放銷售便當，淡路屋就從有馬溫泉開始銷售便當，不停求新求變，從壽司便當開始設計出許多別具特色又熱銷的便當。這款牛排加熱便當就是淡路屋推出，少數提供加熱功能的便當。

和其他加熱便當一樣，拉下棉線等待加熱完成的那一刻；打開之後卻有點失望，似乎和包裝上的呈現有點落差。好在牛排表現不錯，雖然不是和牛或是知名牛肉，但是肉質和味道都還可以。其他的配菜也是一般般，是個單純讓人體驗加熱樂趣的便當。

便當❖小檔案

發售店家：淡路屋

主要發售站：新神戶站

價格：￥1300

配菜
玉米粒、胡蘿蔔、四季豆。
加熱線
抽掉加熱線後，即可加熱。
神戶牛肉
加熱後，香味撲鼻。
米飯
用香菇和醬油燜煮的飯。

中國、四國

豬排三明治便當

ミルフィーユカツサソド

冷了還能美味順口

豬排三明治是一款很常見的鐵道便當，畢竟車上吃三明治是個很方便的選項。廣島站也不例外。

豬肉選用瀨戶內海的特產六穀豬，這種豬以 6 種穀物飼養，有玉米、米、大麥、小麥、大豆以及高粱，所以肉質不但無腥味還帶有甜味。外面的醬料採用廣島豬排很常搭配的甜味噌醬，再以極致柔軟的吐司麵包夾起，組合成這簡單卻風味絕佳的豬排三明治。

現在這款三明治有了新的包裝，還有另外一款炸豬排飯的選擇，上面寫著「幻霜豬肉」很容易分辨。但是這幻霜兩字可不能隨便寫，是廣島一間幻霜農場所培育出的高級霜降豬。歷經 20 年的育種及飼料改良而成，目前已經是高級豬肉的代表，許多高級餐廳的豬肉料理都能看到它的身影。來到廣島，也別忘記來塊幻霜豬排喔。

發售店家：廣島車站便當

主要發售站：廣島站

價格：￥680

六穀豬排

略甜的口味，肉
質軟嫩好咬。

吐司麵包

口感非常鬆軟，
和豬排非常搭。

中國、四國

夫婦鰻魚便當　夫婦あなごめし

CP 值超高的人氣穴子飯

星鰻是廣島名物，穴子飯自然也是。除了宮島口必吃的炭燒穴子飯，再來就是廣島站這款夫婦穴子便當了。

維持星鰻較淡的調味風格，但是料理方式卻比較偏向蒲燒；這便當選用的星鰻尺寸較大，肉質也較厚。夫婦 2 字代表著 2 條同樣大小的星鰻並肩而排；鰻魚下墊著已經調味好的炊飯，旁邊簡單的 2 樣小菜分別是廣島醃菜以及魚骨酥。另外還附上醬包，嫌味道太淡的朋友可以依照自己喜好添加。

除了這星鰻很有誠意，其實旁邊的廣島醃菜也大有來頭喔，廣島醃菜是採用一種「京菜」醃製而成，與野澤醃菜、大芥醃菜並稱日本 3 大醃菜（日本真的什麼都很喜歡排名），特色是微辣的調味加上輕脆的口感，配飯或是單吃都很美味。

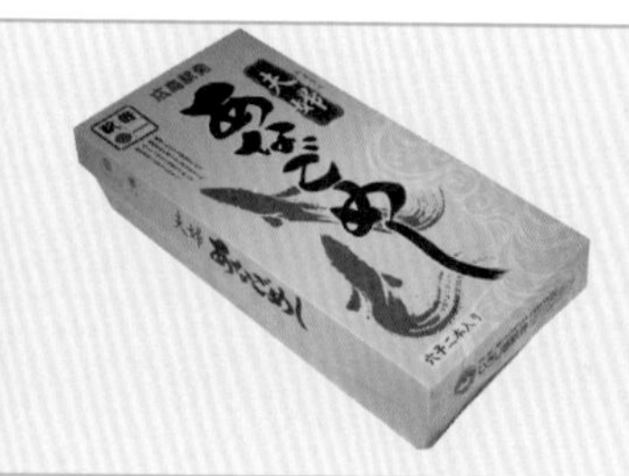

發售店家：ひろしま站便當

主要發售站：廣島站

價格：￥1150

星鰻
大大的2片鰻魚，
既好看又好吃。
廣島醃菜
也算是廣島的
名產喔！
醬油飯
和鰻魚非常搭配。
鰻魚骨酥
極為爽脆的口感。

東北

米棒鍋便當

あつたけぇきりたんぽ弁当

鹹甜豐富的秋田名物

米棒，顧名思義就是將白米搗碎再捏成長條棒狀，可以烤一烤刷上醬汁吃，也能放進鍋裡用醬油口味的雞湯來煮成米棒鍋，是秋田縣特有的美食。不管是在路邊或是餐廳裡，甚至是飯店早餐，都能見到這米棒的身影，鐵道便當自然也不會錯過這獨特的秋田名物。

米棒鍋便當是加熱便當，食用前拉下棉繩等待 8 分鐘後就能吃到熱呼呼的便當。米棒吃起來有點像台灣的糯米腸，軟軟 QQ 的，底下的醬汁則是用比內地雞骨加醬油熬製成鹹甜鹹甜的口味。4 根短米棒浸在醬汁中，再加上舞茸菇、蒟蒻絲、香菇等配料，吃起來怎麼有種熟悉感？啊，是壽喜燒個人鍋啊！雖然份量一如往常的偏小，但是用米棒當主食的這個便當相當有特色，尤其在這靠近日本海的秋田市，冬天裡一定能為鐵道旅行帶來一絲暖意。

便當❖小檔案

發售店家：關根屋

主要發售站：秋田站

價格：￥1350

蒟蒻絲

我最喜歡吃壽喜鍋
裡面的蒟蒻絲了。

湯汁

下面這些果凍
等加熱完成就
會變成湯汁。

舞茸菇

日本人非常喜
歡吃的菇類。

米棒

便當主角登場！只
有在秋田才有喔！

Chapter 07

吃便當也要營養均衡

和牛、海鮮吃得太多想換口味？不用擔心，在便當裡也能吃到各式蔬果！便當裡有玄米雜糧、蓮藕、昆布、里芋等常見或十分特殊的蔬食，兼具健康與美味。

來一場大口吃菜的味覺體驗

吃特色便當也能兼顧健康

曾經聽過不少朋友向我提及「日本便當都沒菜」這件事情，心裡有了這個疑問之後，便開始注意日本的便當是否真如所說「瓏謀菜」。的確，如果以台灣葉菜類的標準來看日本便當，葉菜出現的機率少之又少，頂多就是出現醃漬類的幾片菜葉；但是醃漬類的葉菜應該也不會被認定是蔬菜，難怪會感覺都沒吃到菜。

但這是有原因的，因為日本便當需要在常溫長時間保存的特性，顧及保存的方式及冷著吃的口感，所以在蔬菜這方面絕大部分都是使用根莖類來代替。但是別小看這所謂的根莖類，不是放 2 片地瓜來打發，常見的蔬菜除了馬鈴薯、地瓜、南瓜，更多使用的反而是蘿蔔、蓮藕、茄子、牛蒡、筍子、里芋等。另外，各種菇類、白果、昆布等也很常見，所以也許沒辦法大口吃菜，但是蔬菜種類一點也不少。而且日本這些蔬菜都非常好吃，地瓜的鬆軟和南瓜的香甜會讓人希望多來幾口，某些蔬菜有著和台灣蔬菜一樣的名稱，但是吃起來卻截然不同：小茄子經過醃漬之後口感類似小番茄，里芋雖然有個芋字，卻吃起來一點也不像芋頭。一口一口慢慢品味這些蔬菜，也能得到許多不同的味覺體驗。

滿滿蔬食的便當大受歡迎

近年來健康的概念逐漸被重視，均衡的飲食及熱量的控制也成為鐵道便當的一項課題，如何讓人一邊兼顧健康一邊品嘗鐵道便當，在許多站都能看到這類型標榜健康的便當。在大阪有好幾款直接上面註明熱量，且雖然是幕之內的形式（幕之內便當特色説明，請見 P176），但是卻放了滿滿的各式蔬菜，是很受女性歡迎的一款便當。

宇都宮還有一款好可愛的玄氣壽司便當，3 個濕潤的豆皮壽司裡包著昆布炊飯，配上竹筍蒟蒻等健康配菜。雖然份量對我而言稍嫌不足，但是真的是吃了感覺會元氣滿滿的一款便當。

這類型的便當有時也能解決一個旅遊日本的困擾喔！到日本旅遊，吃素一直是個大問題，因為日本素食的定義和台灣的不相同。大部分的日本素食是接受洋蔥蒜頭等辛香料，在外面用餐，就算眼睛看到是蔬食，卻會因為日本慣用的鰹魚醬油或是其他的調味料，而不符合台灣的素食標準。像東京就出了一款菜食便當，上面就清楚標明完全不使用動物性的調味料，蛋奶製品也通通排除在外；所以就算是嚴格素食的朋友也可以安心食用，是吃素的朋友一大福音。

關東

玄氣壽司便當　玄氣ひなり

便當也可以走健康路線

在壽司的國度裡，豆皮壽司一直是配角，但卻無法沒有它，不論是吃迴轉壽司還是到高檔壽司店，不吃一份怎麼樣都怪怪的。今天，在日本的鐵道便當裡，豆皮壽司終於成為主角了！而且還是走健康路線喔！

3 個大大的豆皮壽司，裡面塞入混合越光糙米、糯米、洋栖菜、葫蘆乾、大豆與芝麻的雜糧飯，豆皮軟而濕潤，雜糧飯味道豐富，整體搭配很協調。旁邊干瓢、蒟蒻、筍塊味道也都很棒，是個吃起來沒什麼負擔，讓人元氣滿滿的一品。

另外，宇都宮還有個鐵道迷不可不知的歷史，那就是宇都宮為日本鐵道便當的發源地，於明治時代這裡就開始賣出第一個便當。雖然不如今天鐵道便當的多樣和華麗，但一樣給了旅人填補肚子的溫暖。

便當小檔案

發售店家：松逎家

主要發售站：宇都宮站

價格：￥500

配菜

有蒟蒻、竹筍、紅蘿蔔、羊栖菜等等，味道也都很不錯。

雜糧飯

有充足的調味，好吃！

稻荷壽司

豆皮既軟又濕潤，口感很好。

關西

日本味博覽便當　日本の味博覽

蔬菜一字排開的美味便當

這個便當是在新大阪新幹線站內的便當店購得，非常講究健康概念；不但每個便當清楚標示成分，就連熱量一起標上了，尤其適合對熱量和營養很重視的人。

這個夏季限定的日本の味博覽便當，不算小菜類的醃製小黃瓜和梅子，光是蔬菜就有……N 種，而且每一種都很清爽好吃。南瓜、地瓜、蓮藕、昆布、牛蒡、豆腐等等，這些蔬菜一字排開，是不是覺得身體也跟著清爽起來了呢？主食除了白飯之外，還有紫米飯，超健康的一品。

這便當裡面的亮點除了蔬菜滿滿以外，還有躲在角落的紀州南高梅。紀州也就是大家熟知的和歌山，位在大阪近郊，而這紀州盛產南高梅。這南高梅可是日本最頂級的梅子，皮薄、肉厚、核小、柔軟多汁，不管是醃漬配飯吃或是做成甜點，都能呈現日本梅子最佳風味。

便當❖小檔案

發售店家：ツェイアール東海

主要發售站：新大阪站

價格：￥1000

紀州梅

最完美的飯後小點。

梅汁豆腐

口感特別，味道也很好。

昆布捲

包裹著牛蒡，是個下飯的配菜。

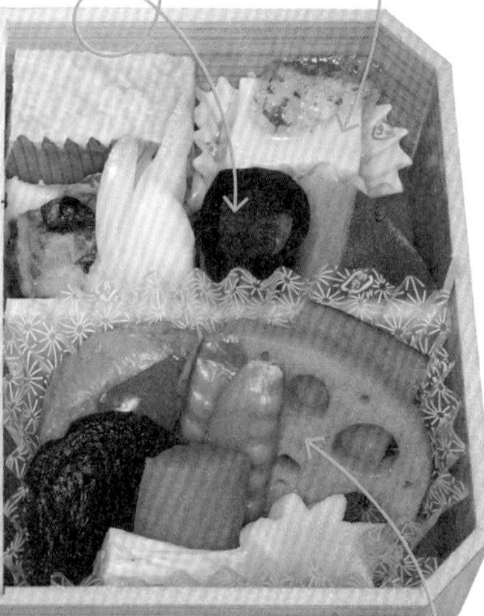

紫米飯

超健康養身的！

蓮藕

爽口脆甜，味道很好。

關西

大阪味滿載便當 なにわ滿載

富含多樣菜色與大阪限定名產

なにわ滿載！なにわ是大阪地區的古名，用這個作為便當名稱，再加上包裝上，不管是通天閣或是大阪城，都在告訴客人「想要滿滿大阪味，挑我就對了！」

提到大阪道地美食那就不能不提章魚燒了，大阪的章魚燒和台灣一般吃到的比較不同，口感是糊糊的，一開始吃不太習慣。後來某次看到日本節目，其他地區的日本人指著大阪人說：「你們就是喜歡麵粉糊糊全部攪拌在一起的食物啊！」啊，原來這就是大阪人熱愛大阪燒和章魚燒的祕密啊！

這個便當內容相當豐富，光是主食類就有 3 種，白飯、日式炒麵以及五目飯，日本人真的很喜歡這種碳水化合物＋碳水化合物的吃法。另外，再加上牛肉炸串、章魚燒、筑前煮的芋頭南瓜等，都是代表大阪最傳統的在地美食。而且餐後還有一個大福小甜點，讓人肚子飽飽，滿足感也飽飽的一個便當。

便當❖小檔案

發售店家：ツェイアール東海

主要發售站：大阪站

價格：￥1000

蔬菜佃煮

這區除了蔬菜之外，還有個意外的小驚喜喔！

炸牛肉串

味噌口味，非常好吃。

章魚燒

大阪名產，怎麼可以沒有它！

五目飯

另一種調味的飯，增加風味。

炒麵

可以當主食，也可以當做配菜。

關西

姬路栗子便當 栗おこわ弁当

13 種配菜的豐盛紅豆飯

「啊，今天吃紅豆飯啊！是有什麼值得慶祝的事情嗎？」

很熟悉的台詞吧！不管是日劇或是動漫都常常出現這種對話。紅豆飯，日本又稱為赤飯，就是將糯米和紅豆放在一起煮並加以調味，是在生日、婚禮等各種值得慶祝的時候會準備的一道炊飯。

四方形狀的便當，雖然看來份量不多，但是內容物相當多樣。甜甜的栗子下面搭配相當酸又鹹的紅豆飯。另外有 13 種各種不同口味的配菜。配菜中除了燉花豆是全新體驗之外，鯖魚、蛋卷、魚板、蒟蒻、蓮藕、紅蘿蔔都相當美味。還有一格類似油豆腐的菜，一口咬下充滿湯汁，讓人好滿足；而最角落的肉丸，則是意外的糖醋口味。這個便當，讓人每一口都能吃到不同口味，真的是太有趣太豐富了。

便當❖小檔案

發售店家：まねき食品

主要發售站：姬路站

價格：￥780

肉丸
糖醋口味，讓人驚喜。

湯豆腐
充滿湯汁的豆腐，好滿足。

玉子燒
軟嫩可口，味道也很好。

栗子
甜甜的，和紅豆飯意外地搭配。

燉花豆
很特別的口感。

鯖魚
調味非常到味，相當好。

紅豆飯
口感像極了糯米飯，挺好入口的。

關東

素食便當　菜食弁当

素食者也能嘗便當風味

到日本旅遊，吃素一直是個令人頭疼的問題。因為日本的宗教沒有吃素的習慣，有時日本所謂的蔬食，僅限於沒有使用肉類；但是蔥蒜洋蔥或是鰹魚醬油等調味料卻照常使用。讓台灣嚴格素食的朋友在日本想找到素食餐廳來用餐相當的不容易，常常就是一顆飯糰來擋一餐。

在東京車站意外地找到這款菜食便當，仔細看裡面的介紹，是完全符合台灣素食的標準的。不但肉類魚類蛋奶類完全沒有使用，連洋蔥蒜頭等五辛素也完全無添加，對吃素的朋友而言真的是一款超貼心素食便當。而且吃起來相當清爽，每道菜依舊有日本獨特的料理味道，讓人在吃素之餘依舊能享用日本鐵道便當的風味，熱量更是只有 499 大卡。非常推薦吃素的朋友來東京一定要入手這個便當來細細品味一番。

便當❖小檔案

發售店家：日本ばし大增株式會社

主要發售站：東京站

價格：￥950

地瓜
吃起來甜蜜又
有飽足感。
雜糧紫米飯
健康又清爽的主食。
蔬菜
滿滿的各式蔬菜，
美觀又健康。
豆類製品
類似台灣素料的
豆皮製品。

Chapter 08

跟著便當去旅行

鐵道便當不只美味又有趣，有許多便當將經典美景與歷史故事設計在其中，像是融入便當裡的富士山美景、江戶時代的歷史等，吃完這些便當，如同體驗過一趟知性之旅了。

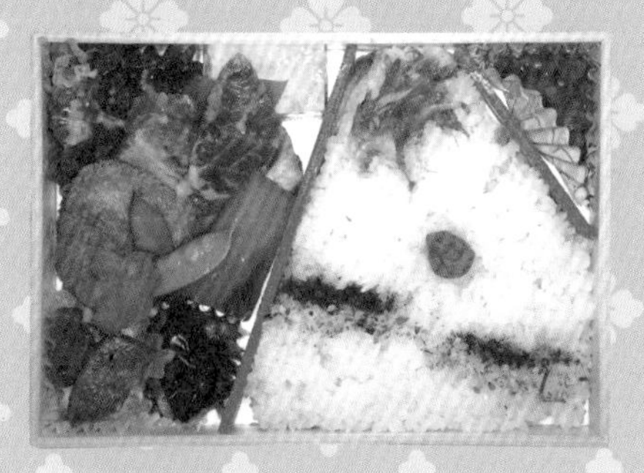

吃便當就能帶你走透透

享美食還能賞美景、讀歷史

有在關心日本鐵道便當的朋友應該會常常看到一個陌生的詞「幕之內」便當，到底這幕之內是什麼意思呢？

江戶時代時，人們在觀賞歌舞伎表演節目時，當中場休息布幕拉上的時候就是用餐時間，這時候會送上兼顧美觀與美味的精緻便當，便被稱為幕之內便當。因為當時看歌舞伎表演本就是上流人士的活動，所以餐食自然也不能馬虎。

幕之內特色是通常飯都是捏好一小卷一小卷，大小讓人較容易食用，米飯大部分是白米，有時也會添加芝麻或是紫蘇葉等調味；但是配菜部分多半都是沒有水分的食物，這也是為了怕弄髒而做的貼心設計。為了要呈現豪華感，所以在特色與食材挑選上會格外豐富，如玉子燒、烤魚、魚板等都是常見的食材。到了江戶後期，平民的生活也逐漸富裕起來，所以這類型配菜豐富的幕之內便當便開始流行於市面，不再限於看表演的中場休息才能享用。

了解幕之內便當的由來，就不難理解為何幕之內便當都看起來特別吸引人。不但是外觀特別美麗，配料豐富也是其他便當難以望其項背，幾乎都是每一個配菜只能吃到一口。但是便當中會超過 10 種不同的配菜，讓人每一口都有不同的味覺感受。

美景、歷史故事都能放入便當裡

除了美味之外，鐵道便當也是日本人對便當美學的極致表現，不只追求配色及擺放美感，許多更是直接將景色放入便當；像打開便當，便能讓富士山美景躍入眼中的富士山便當，或是直接利用九宮格的便當盒每一格都放入獨立的料理，每一口都有驚喜。還有仙台的驕傲伊達政宗，將飯糰捏成可愛的Q版頭像，讓人一看就知道這是來自宮城的便當。

另外有些便當還包含歷史故事在裡面，像鹿兒島的薩摩街道便當就是一款相當有趣的便當；兩層的轎型外盒印著德川家康的家徽，滿滿的菜色都是篤姬最愛的鄉土料理。篤姬是鹿兒島人，為了家鄉薩摩遠嫁德川，在歷史上有著舉足輕重的地位。而她的家鄉鹿兒島便因此做成便當，讓大家一起知道篤姬的故事。

結合旅行經驗 留住當下感動

便當還能代表旅遊的體驗，像是東京的國技館雞肉串燒便當，是當初看相撲比賽才能吃到的特殊美食。現在只要來上一盒，似乎自己也離相撲比賽又靠近了一些呢！便當對日本人而言不只是一盒果腹的食物，也是文化的體現；所以品嘗鐵道便當美味時，還能體會背後的小故事喔！

中部

駿河名產便當　駿河名産富士山弁当

將富士山的經典美景吃下肚

來到富士山腳下，沒有一個仿景便當怎麼行；再加上對日本人來說，富士山登錄世界遺產的光榮，當然要用便當來記錄一下。用飯盒形狀隔出有如富士山的白飯，山頂用櫻花蝦表達山頂覆雪的概念，山腰間的紫蘇表現出圍繞在山邊的雲霧，便當還附上一張紙，告訴客人此便當用了哪些當地特產，很喜歡他們這樣的心意。

這個便當的內容物，全部都選用駿河灣的在地特產。有朝霧放牧的豬，不過這個便當是用味噌去漬豬肉，讓豬肉呈現另一種很特別的口感喔！炸物方面，蒲原炸魚板非常特別，是從來沒有吃過的，口感介於年糕和羊羹之間，也挺好吃。配菜也有特別之處，手工製作的山葵和辣椒口味的蒟蒻，既有趣又好吃。

便當❖小檔案

發售店家：富陽軒

主要發售站：富士山站

價格：￥1000

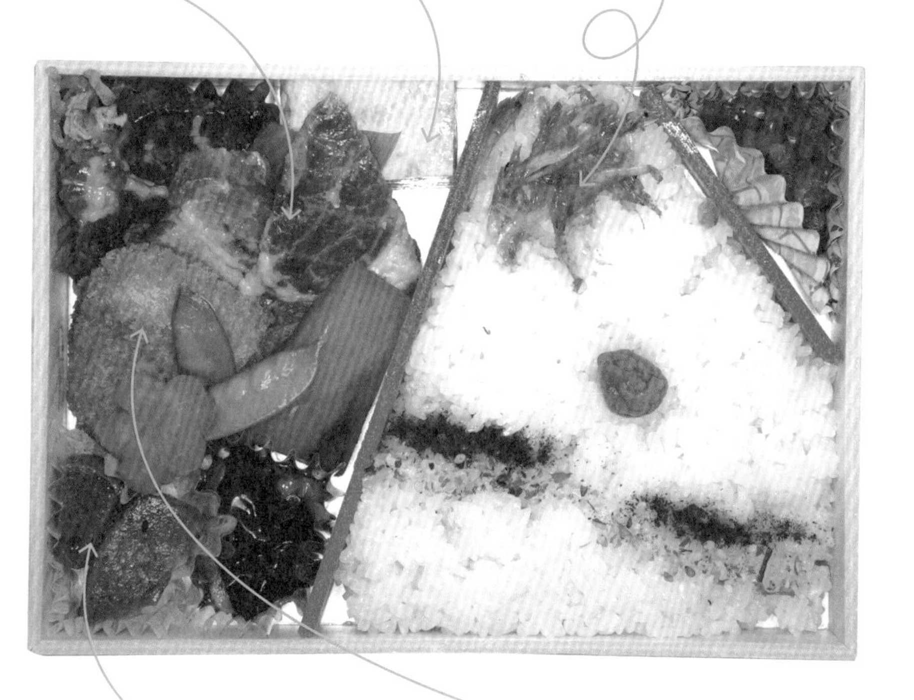
朝霧放牧豬肉
味噌漬過的豬肉，
很特別又好吃。
玉子燒
日本鐵道便當的
基本配備。
櫻花蝦
爽脆好吃，
配飯正好。
手工蒟蒻
特殊口味的蒟蒻，
有趣又好吃。
蒲原炸魚板
從沒有過的口感，
非常特別。

關東

九宮格多彩便當 彩りのお弁当

彷彿享受了一頓無菜單料理

東京站因地利之便，聚集了來自日本各車站的便當，許多知名便當都能在這找到。若想要找個鐵道便當旅行起點的話，東京站是個很好的選擇。

這款便當是相當標準的宴席便當，整個便當分成 12 格，每一格放著各自不同的料理；打開時上面附了張紙，說明了這 12 格的內容物。便當打開時就有如拆禮物一樣，兼具配色美感與食材搭配，12 格內除了熟悉的鮭魚卵軍艦、蝦握壽司、鮭魚握壽司；小菜有玉子、照燒雞、野菜也很多樣。更有創意菜昆布魚肉卷、鰻魚飯卷，最後，左上角再來個竹葉麻糬當甜點。一整套吃下來，不但視覺感受好，更像吃了頓日本料理，在火車上能有這種享受，真的很幸福。

便當❖小檔案

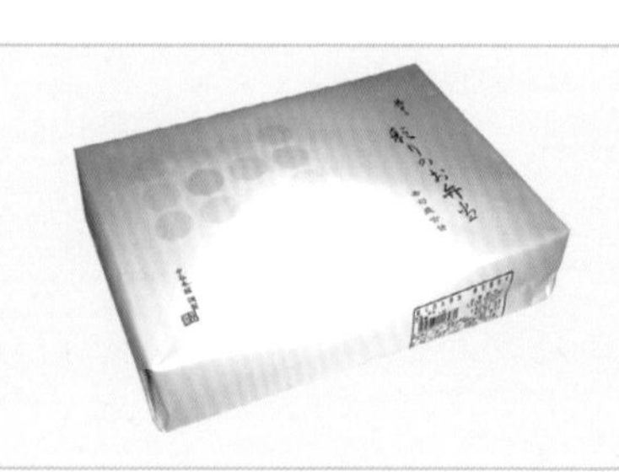

發售店家：中央本軒

主要發售站：東京站

價格：￥1500

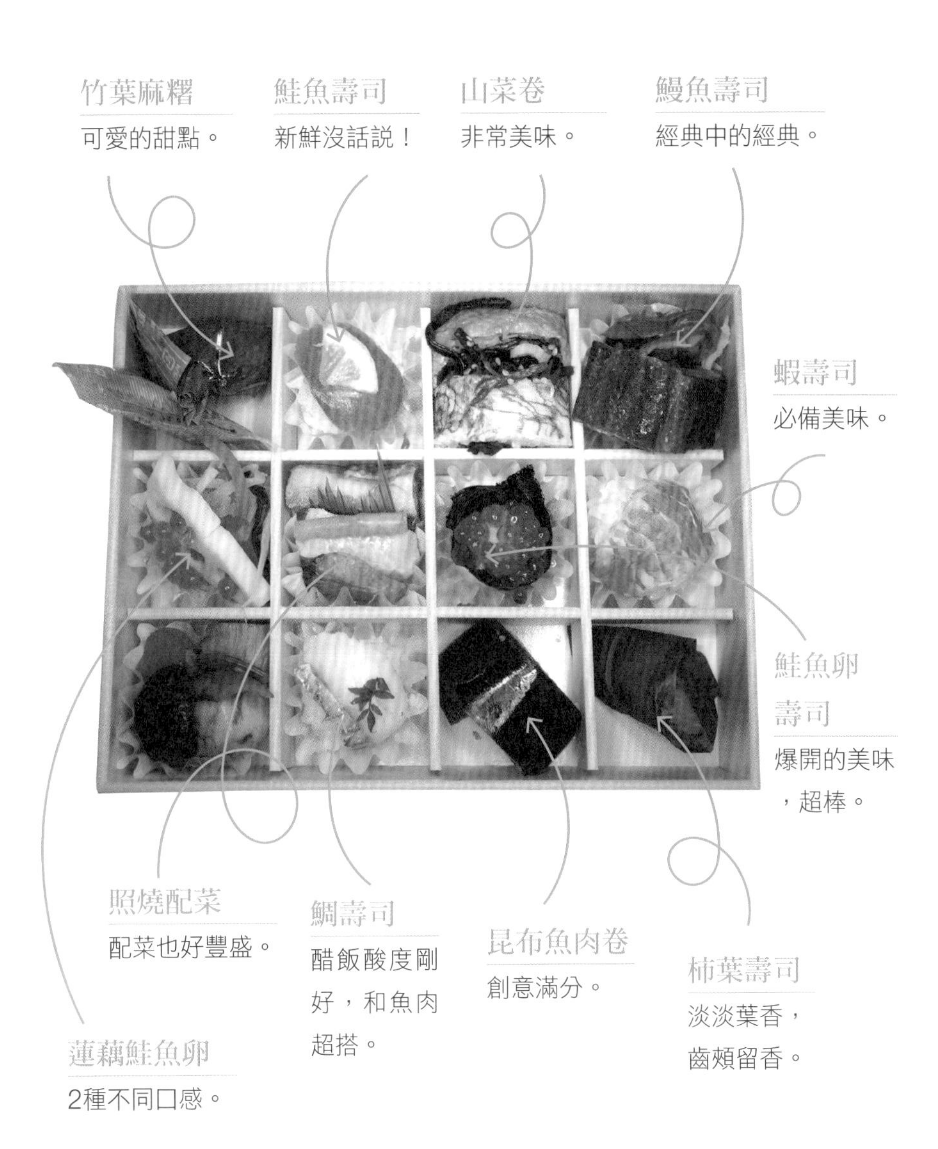
竹葉麻糬
可愛的甜點。
鮭魚壽司
新鮮沒話說！
山菜卷
非常美味。
鰻魚壽司
經典中的經典。
蝦壽司
必備美味。
鮭魚卵壽司
爆開的美味，超棒。
照燒配菜
配菜也好豐盛。
鯛壽司
醋飯酸度剛好，和魚肉超搭。
昆布魚肉卷
創意滿分。
柿葉壽司
淡淡葉香，齒頰留香。
蓮藕鮭魚卵
2種不同口感。

東北

伊達政宗便當 むすび丸弁當

征戰名將設計視覺滿分

有獨眼龍外號的伊達政宗，是仙台藩主，與豐臣秀吉與德川家康同一個年代，也立下不少汗馬功勞；征戰四方的他，參與了不少當時的知名戰役，一直以仙台為根據地。因此一到仙台就到處可見Q版的伊達政宗像，就連便當也不例外喔！

這個伊達政宗的紀念便當裡，有2個飯糰，都做成伊達政宗的不同造型，而且是卡通版本的，非常可愛，視覺滿分。主菜部分提供了雞肉、牛肉、鮭魚等，配菜區裡面赫然出現一個仙台名物「竹葉魚板」，點亮整個便當。

仙台的竹葉魚板、牛舌和毛豆泥為3大名產，這竹葉魚板更是仙台車站遊客人手一支的名物，也是最佳伴手禮。仙台灣漁獲豐富，從前的漁夫為了延長大量捕獲的比目魚的保鮮時間，便用手拍出這葉子形狀的魚板來延長賞味期限，就成為這竹葉魚板的前身。而這份惜物惜福之心便成就了這仙台名物的產生。

便當❖小檔案

發售店家：仙台

主要發售站：仙台站

價格：￥840

造型飯糰
如果有點調味，
應該會更有趣。
蘿蔔
很有造型的蘿蔔。
造型飯糰
由雜穀米捏成，
有包東西的話，
會更好。
配菜區
1個魚板、1份小松
菜還有1份小甜點。
銀鮭
調味普通。
雞肉
吃起來還可以。
牛肉
以種類來說，主
菜非常豐富。

中部

鮮蝦千兩玉子燒便當

えび千兩ちらし

尋找便當裡隱藏的美味

4 片厚厚的玉子燒是這便當第一眼印象，造型是仿造日本古時候的錢幣——大判而來，放了滿滿金幣的盒子下面必定還有更值得發掘的寶物們吧！讓人情不自禁想入手這個便當，來挖掘更多神祕寶藏。

翻起厚厚的玉子燒，原來下面還藏了蝦、花枝、穴子以及醃魚，這些菜和飯中間還夾著一層薄薄的細絲昆布增添滋味；下面的飯更是日本最高等級的新潟米。滿足了好奇心後，我便心滿意足的把這個便當交給我的五臟廟了。

這個便當於 2017 年還獲得日本 JR 旅客票選鐵道便當大將軍的榮譽（第一名），看來一點趣味加上美味更讓人無法抗拒啊！

便當❖小檔案

發售店家：三新軒

主要發售站：新潟站

價格：￥1200

蝦肉碎片

既有海味，也具有裝飾性。

玉子燒

吃起來味道，其實很台灣。

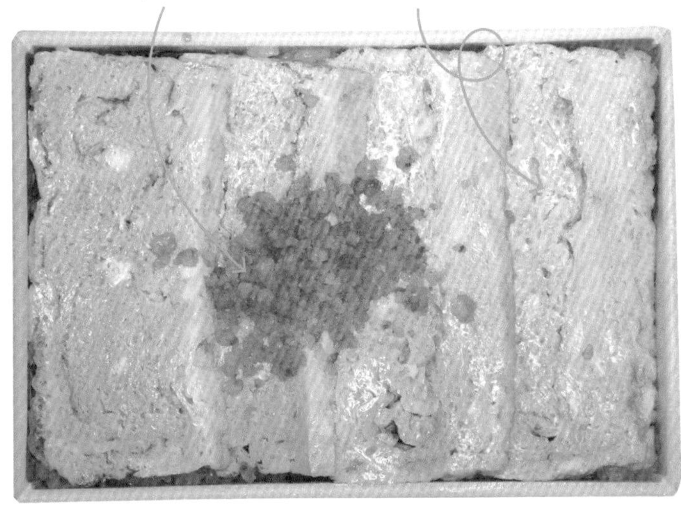

鹽漬花枝

鹽漬風味明顯。

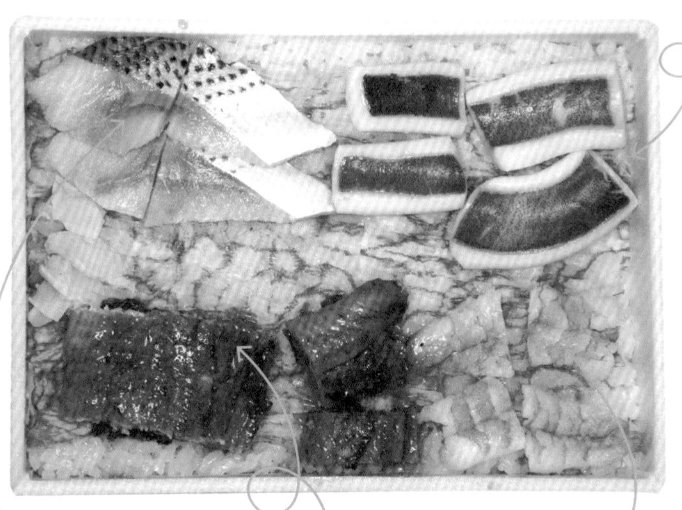

油魚

這就比較少見了，值得試試。

蒲燒鰻

來日本最大的好處就是，可以常常吃到鰻魚

蒸蝦

吃得出來蝦子本身的清甜。

關西

淡路屋葉片編織便當

淡路屋のお弁当

料多味美有質感 誠意滿分

近年來日本鐵道便當的製作店家數量急速下降，因為新幹線加快了運輸時間，在火車上吃飯似乎不是一個必需；再加上便利商店及周邊店家推出的外帶服務，讓日本鐵道便當業者也正在面對相當嚴峻的挑戰。如何增加鐵道便當的吸引力就成了共同的課題。

這類型葉片編織的盒子通常會吸引想要嘗試復古風味的客人，因為第一枚鐵道便當便是用竹葉包著 2 顆飯糰，所以就算到了百年後，仍是能看到不少竹葉包裝的便當。

這款便當盒用葉片編織而成外盒，果然讓人有一種古樸的感覺。打開便當後，主菜的部分除了一塊燒鮭魚，還有炸蟹螯，用海鮮來主導便當的味道；米飯除了白飯之外也有炊飯，排列方式也很有趣，不通通排在一起，而是類似以壽司便當的方式，分開來排列，很具巧思。配菜中有好幾樣佃煮蔬菜，還有個麻糬當做小點心，是個誠意滿分的便當。

便當❖小檔案

發售店家：淡路屋

主要發售站：新神戶站

價格：￥1000

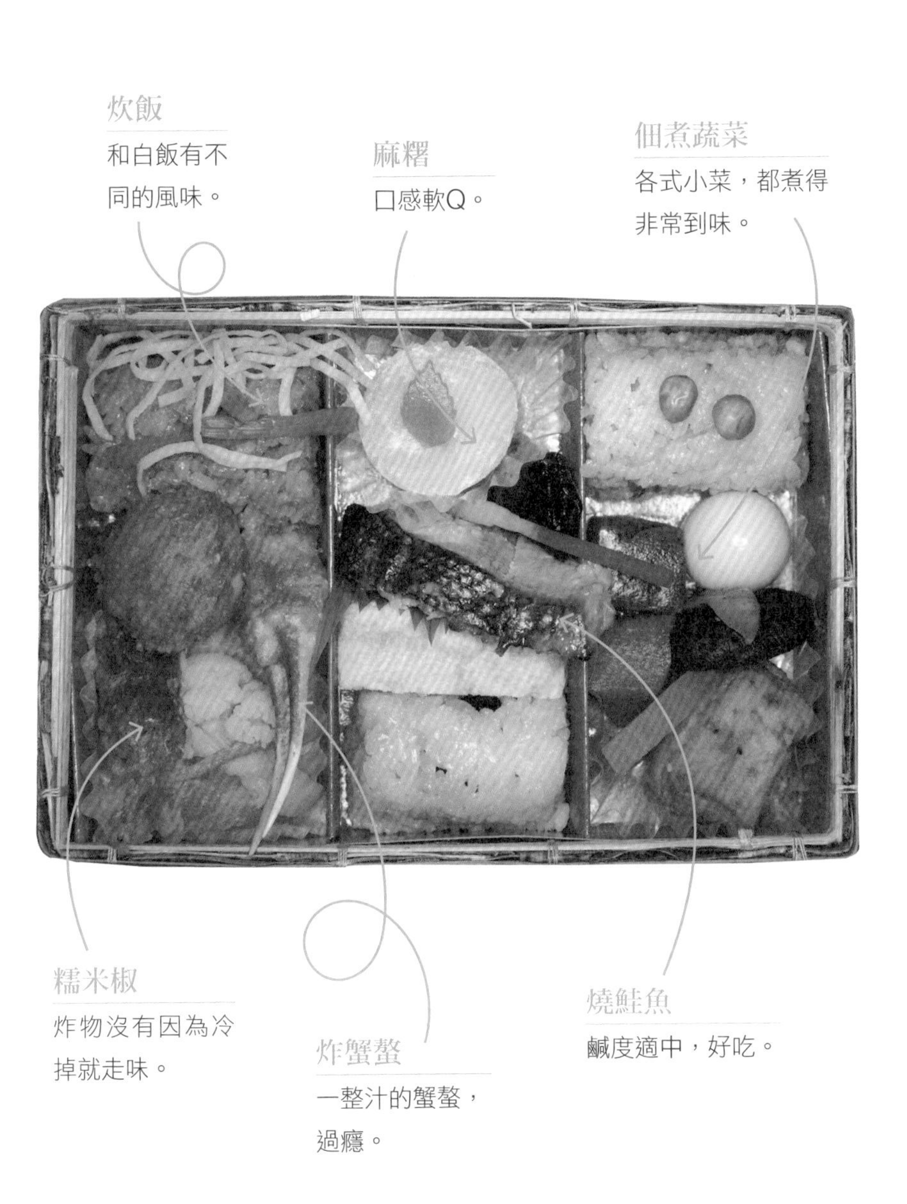
炊飯
和白飯有不同的風味。
麻糬
口感軟Q。
佃煮蔬菜
各式小菜，都煮得非常到味。
糯米椒
炸物沒有因為冷掉就走味。
炸蟹螯
一整汁的蟹螯，過癮。
燒鮭魚
鹹度適中，好吃。

關西

旅之幕之內便當　旅の幕の內弁当

一次吃到各種美食滋味

日本鐵道便當，分類眾多，各有所屬；但是如果要挑一個便當，想要一次什麼都能吃到，那麼只要挑包裝上寫有「幕の內」的就不會錯。幾乎每個店家都會有一個自己的幕之內便當，把最引以為傲的料理都放進去，端上一盤最自豪的組合。

幕之內便當有 3 寶，烤魚、玉子燒及魚板。這淡路屋的幕之內便當不但 3 寶兼備，光是飯就有 3 種，紅豆飯、白飯以及炊飯；另外再加上肉丸子、牛肉片、烤鯖魚、玉子燒、蔬菜天婦羅，以及綜合蔬菜。當然還有日本便當的基本班底，醃漬菜也是少不了的。

可惜的是和之前東京或是其他這種九宮格類型的便當比起來，這款便當吃起來相對普通。食材上調味偏甜，感覺比較像讓人果腹的幕之內便當，而非味覺的饗宴之旅。

便當❖小檔案

發售店家：淡路屋

主要發售站：新神戶站

價格：￥850

鯖魚
這類型便當，少不了魚鮮露臉。
醬瓜
調味和口感都是最佳調劑的要角。
豬肉丸
串成丸子，入口非常方便。
炊飯
內容豐富一點的便當，通常會有2種以上的米飯。
牛肉
採牛丼做法，經典。
栗子紅豆飯
算是少見的米飯喔。

九州

大名道中駕籠便當

大名道中駕籠かし

江戶時代長崎街景入菜

這個仿景便當是小倉站的人氣便當第 2 名，但是，為什麼我們買第 2 名呢？因為第 1 名的人氣便當，內容物看起來幾乎和這個便當一模一樣，而且只有 1 層，菜的種類也較少；所以最後決定直接買這個雙層的便當來試吃。

這個便當是以重現江戶時代長崎街道的擺設為主題，長崎街道在江戶時期是條意義非凡的街道。日本鎖國時期，長崎是唯一對外國人開放的城市，外國人和日本的交易全都在長崎市；因此這條長崎到小倉最短距離的通商便道便是長崎街道。長達 223 公里的這條路上，絡繹不絕的商人往來穿梭好不熱鬧，沿路都是賣店以及住宿等旅人所需的店家；在當時這條是運送外國物資到本州或出口日本商品的唯一通道，繁景可想而知。一直到鎖國時代結束才讓長崎街道放下這重責大任，繁華不再；但是身為終點的小倉市推出這長崎街道便當來緬懷那段獨特的歷史。

便當❖小檔案

發售店家：東筑軒

主要發售站：小倉站

價格：￥1000

配菜

各項配菜和其它便當比起來，毫不遜色。

炸雞

調味再重一點，就更好了。

炸魚排

可惜炸粉有點太多了。

蝦

味道普通。

海苔絲

日本人善用食材顏色來創造便當視覺的功夫，真的很厲害。

雞肉鬆

吃起來不柴，很不錯。

蛋絲

為便當增色不少呢。

九州

薩摩街道便當 薩摩街道弁当

樸實無華的鄉土美味

薩摩，江戶時期鹿兒島的舊名，領地從鹿兒島一直延伸至宮崎，往南更遠至沖繩。在江戶時間指派領土的時候，和幕府關係愈好就離東京愈近；由此可推，遠在鹿兒島的薩摩藩自然是個被發配邊疆不受寵的藩主。但卻因為地域之便，是最早和西方列強接觸的藩主，逐漸強大之後就聯合其他藩主成立倒幕聯盟，成為天皇派的擁護者，後來明治天皇掌握政權時，內閣閣員很多都來自薩摩藩。

薩摩街道集合了許多鹿兒島的鄉土美味，有鹿兒島最出名的黑豬肉及地瓜。鹿兒島因為土質屬砂質土，不適合種植稻米等植物；後來從沖繩帶回地瓜，發現原來這土質是種地瓜的絕佳夥伴，開啟了鹿兒島三百多年的地瓜輝煌史。

整個便當配菜相當豐富，料理手法也相當簡樸，和樸實的外盒互相輝映，是個充滿濃濃復古風的便當。

便當❖小檔案

發售店家：萬來

主要發售站：鹿兒島中央站

價格：￥945

黑豬肉鬆

擔任主角的豬肉鬆，表現平平。

蛋鬆

占了大面積，可惜普通了點。

黑豬肉

除了做成鬆，也有整塊的豬肉。

昆布捲

和其它便當比較起來，並無突出之處。

炸雞

增加不同風味和口感的還有這塊炸雞。

蝦

顏色搭配上，蝦子非常有幫助。

北海道

SL蒸汽火車便當

北海道の味SL弁当

鐵道迷一定要收藏！

這是一款令鐵道迷瘋狂的便當！

便當盒的設計以火車頭為概念，3 款分別為海膽、蟹肉條、鮭魚卵的飯糰為車輪；鮭魚竹葉壽司為車頭，再搭配十多種各式配菜。不但是一款豪華幕之內便當，更是集結北海道各種美味的便當。

但是這些美食都無法成為這便當最大特色，真正讓鐵道迷不得不入手的原因卻是外面包裝的紙盒。

冬季的 SL 濕原號是北海道冬季旅遊的一大特色，蒸氣火車 CII 171 更是鐵道迷追逐拍照的重點。這款 SL 便當正面採用 CII 171 的照片，打開之後，盒子的上方竟然出現蒸氣火車頭的詳細介紹；但最大的驚喜還不止於此，待吃完便當將外面紙盒取出翻過來，赫然發現一個蒸氣火車頭的紙模就在下面，只要按照指示剪下折紙，便能帶回一個車頭模型當紀念。有時真的不能不佩服日本人在觀光上面的創意無限啊！

便當❖小檔案

發售店家：弁菜亭

主要發售站：札幌站

價格：￥1150

蔬菜
各式各樣的配菜。
帆立貝燒
鮮甜滋味，吃完還想再吃。
飯糰
3種海鮮飯糰，上面放一整條海膽和蟹肉好豪華。

九州

檸檬雞肉便當

雞檸檬すてーき弁当

清爽的調味唇齒留香

同樣位在北九州的佐世保有個知名便當「檸檬牛丼」，在小倉這則有「檸檬雞肉便當」。

檸檬和肉的搭配堪稱絕配，不但可以增添風味還能解除油膩感；但是不只是為了美味，檸檬富含維他命 C，可溶解燒烤食物後氧化產生的苯環毒物，減低致癌物、抗氧化。只是要記得檸檬汁要在完成料理後再加，千萬別在做菜到一半就加檸檬，這樣不但無法有效減低致癌物，還會增加更多身體發炎反應。

日本便當還有一個有趣的觀察，要不是配菜無敵多，就是直球對決，只有一種主菜。這個雞檸檬便當屬後者。燒烤過的雞腿肉相當 Q 彈，加上檸檬相當清爽；其他的配角也呼應了這個味道，2 片小小的橘子，讓你在最後的橘子酸甜中，回想起檸檬雞肉的美味。

便當❖小檔案

發售店家：北九州

主要發售站：小倉站

價格：￥880

蛋絲
不只均衡味道，也擔
任裝飾的角色。
地雞
檸檬口味的烤雞，
清爽好吃。
橘子
能讓你想起雞肉的
美味，很神奇。
檸檬
喜歡的話，擠點檸檬
汁在雞肉上吧。

關東

國技館雞肉串燒便當

國技館やきとり

最適合配相撲比賽的美食

看電影配爆米花，看八卦配雞排珍奶，那你知道日本人看相撲要吃什麼嗎？

每年夏季位在東京的國技館都會舉辦為期2週的夏季相撲賽事，而最熱門的觀賽食物就是這國技館的雞肉串燒。為何獨鍾雞肉？因為雞是兩腳站立，相對於手觸地便失敗的相撲比賽而言是種不敗的象徵，所以在看比賽時吃雞肉串又有為支持選手加油的意涵。

這國技館的雞肉串燒原本是每年比賽時限時限地供應的美食，每天從位在國技館內的工廠直送比賽現場。但這國技館雞肉串名氣愈來愈大，為了讓更多民眾不用看相撲也能體驗這冷著吃也超美味的雞肉串組合，JR 東日本便與國技館合作，推出這款原汁原味的國技館雞肉串燒便當，一整年都能在東京站及上野站買到喔！

便當❖小檔案

發售店家：國技館服務株式會社

主要發售站：東京站

價格：￥650

雞肉丸

簡單調味就很美味。

雞肉串

不同部位的
雞肉，冷了
也好吃。

北海道

壽司便當　おすし

最傳統的壽司組合依舊美味

這便當看起來是不是很眼熟？豆皮壽司加上壽司卷是我小學時最喜歡福利社賣的早餐，現在便利商店等隨處可見。但是知道嗎，這種壽司組合可是有個特別的名字——助六壽司。

為何這類壽司又叫做助六壽司呢？在歌舞伎表演劇目裡面有一齣演出最多回的叫做助六，主角是個名叫助六的俠客，而劇中他的愛人叫做揚卷。揚在日文裡面有豆皮的意思，所以這款豆皮壽司加上壽司卷的便當便有個別名「助六壽司」。

這款便當看起來簡單卻也不容易，要如何讓日本最傳統的壽司組合依舊讓人感受到美味；豆皮的濕潤度及調味，還有米的品質在在都變得更為挑剔。這款壽司便當在札幌站已賣超過百年，看起來毫不起眼卻仍能讓人意猶未盡，箇中的奧妙就要靠自己去發掘了。

便當❖小檔案

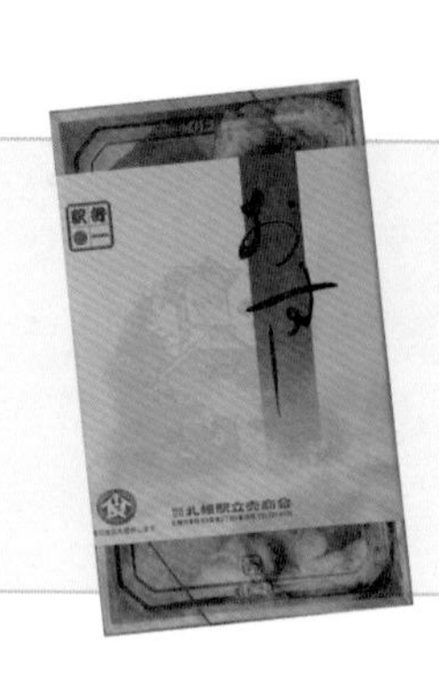

發售店家：弁菜亭

主要發售站：札幌站

價格：￥480

豆皮壽司
又叫稻荷壽司，米飯的品質很好。
鐵火卷
經典的滋味讓人意猶未盡。
卷壽司
也是日本常見的壽司類別。

特別收錄

找到真命便當的邂逅處

讓你能成功購入 80 種便當！

看了這麼多的鐵道便當，迫不急待要入手一個來試試嗎？書裡面的鐵道便當都是在各個車站內購得；但光是在車站裡，也是藏在各種不同的角落喔！

較有規模的站通常會有超過一個以上的專賣店，像東京、大阪等站，還會有非鐵道便當的其他飲食販賣店在販售自家便當。所以，真正的鐵道便當上面要認明有個「駅弁」的字樣喔。

小店面販賣 鎖定「駅弁」旗子就能找到

最常見的是一出收票閘門就能看見鐵道便當販賣處，通常是專門的一個小店面。小一點的站常常會和伴手禮店或是便利商店合在一起，這種就需要稍微找一下才能發現。更小的站就會出現一個小

亭子，甚至是一張桌子的賣法，像洞爺湖站就是在客戶休息室的角落涼亭邊賣便當。有時候月台上的綜合賣店也能看到鐵道便當的身影，像富士山口的便當便是在這找到的。最難得遇到的便是在月台上叫賣販售便當，幾乎已經絕跡了；目前確知還有在販賣的便是人吉站的菖蒲爺爺。若想朝聖，記得先查好菖蒲爺爺的上班時間喔！

如果在站裡遍尋不到，那就走出站外稍微左顧右盼吧。有些知名店家會在車站兩側或對面，仔細尋找是否有在門口放上「駅弁」的旗子，看到就直直衝過去吧！

找到販賣鐵道便當的店家，卻不見得能買到心目中的鐵道便當，尤其是一些知名或是限量款；這時候預約就很重要。像四國的麵包超人或是函館的海膽便當，都是要預約才能買得到；好在這些便當網路上都可以事先預約，所以記得先預約以免敗興而歸。

全國第一販售處 各種特色便當都買得到

最後，一定要和各位推薦一個鐵道便當迷不能不來朝聖的祕密基地，就在東京車站一樓的「駅弁屋祭」，位置在 JR 7 號月台附近；如果沒有要搭 JR，需要買月台票才能進來，但是只要一靠近就會知道自己到了。不管早上還是晚上，這家鐵道便當店總是滿滿的人潮，來自日本全國各地的鐵道便當，每天有超過 200 種以上的鐵道便當在這販賣，每天更賣出一萬顆以上便當，是全國第一的鐵道便當販賣處。不管是北海道森站的烏賊飯，四國的麵包超人便當，仙台的牛舌便當，在這通通能找到！

這是我每次到東京都必定報到的一家店，常常在便當海中迷路，苦惱有限的胃容量，卻有這麼多難以取捨的選項。到底該吃海鮮還是牛肉？該嘗試新口味還是溫習那熟悉的美味？唯一不變的是每次在結帳時，總是忍不住再多拿一個放在結帳櫃台邊的烏賊飯……。

日本鐵道便當指南

作者
朱尚懌(Sunny)

編輯
吳雅芳

校對
吳雅芳、黃勻薔
簡語謙、朱尚懌(Sunny)

美術設計
劉庭安

出版者
萬里機構出版有限公司
香港北角英皇道499號北角工業大廈20樓
電話：2564 7511　　傳真：2565 5539
電郵：info@wanlibk.com
網址：http://www.wanlibk.com
http://www.facebook.com/wanlibk

發行者
香港聯合書刊物流有限公司
香港新界大埔汀麗路36號中華商務印刷大廈3字樓
電話：2150 2100　　傳真：2407 3062
電郵：info@suplogistics.com.hk

製版印刷
卡樂彩色製版印刷有限公司

出版日期
二〇二〇年一月第一次印刷

ISBN 978-962-14-7173-4

本書由四塊玉文創有限公司
授權在香港出版發行

萬里機構

萬里 Facebook